彩图1　雍布拉康

彩图2　穹窿银城遗址

彩图3　布达拉宫

彩图4　帕邦喀主殿

彩图5　古格坛城殿

彩图6　科迦寺觉康殿

彩图7　托林寺朗巴朗则拉康

彩图8　桑耶寺邬孜大殿

彩图9　甘丹寺

彩图10　扎什伦布寺

彩图11　松赞林寺

彩图12　塔尔寺建筑

彩图13　塔尔寺建筑

彩图14　隆务寺建筑（青海）

彩图15　夏鲁寺主殿

彩图16　夏鲁寺建筑

彩图17 瓦拉寺（昌都）

彩图18 喇嘛林寺（林芝）

彩图19　帕巴拉康（吉隆）

彩图20　郎色林庄园

彩图21　罗布林卡建筑

彩图22　布达拉宫金顶群

彩图23　夏鲁寺建筑屋檐

彩图24　雪城建筑

彩图25　大昭寺佛殿门

彩图26　普通寺庙建筑大门

彩图27　吉隆卓玛拉康大门　　　　　　　　　彩图28　古格故城建筑大门

彩图29　塔尔寺建筑大门

彩图30　建筑内天井　　　　　　　　　　　　彩图31　室内梁架

彩图32　托林寺木柱　　　　　　　　　　　　彩图33　古格故城建筑弓木

彩图34　古格故城建筑弓木、藻井

彩图35　古格故城建筑望板

彩图36　吉隆卓玛拉康梁架装饰

彩图37　吉隆卓玛拉康木柱装饰

彩图38　甘孜地区室内梁架装饰　　　　　　　　　彩图39　噶琼拉康石碑

作者简介

　　米玛次仁，毕业于西藏大学，现任西藏职业技术学院建筑工程学院专任教师。先后发表《自然环境和人文环境影响下的藏式建筑建构类别与木作地域地域特征初探》《藏式建筑窗户构造及类别初探——以卫藏地区窗户为例》等论文；主持完成"阿里地区狮泉河镇主城街景改造工程""拉萨市甘丹寺措钦大殿维修工程""日喀则市扎什伦布寺佛学院、养老院新建工程"等十几项建筑设计工作。参于编写《传统藏式建筑泥石营造技术》专业教材。设计作品"藏式传统建筑的门窗装饰"获2014年"挑战杯"全国职业院校信息化教学设计大赛一等奖。

传统藏式建筑木作营造技术

米玛次仁 编著

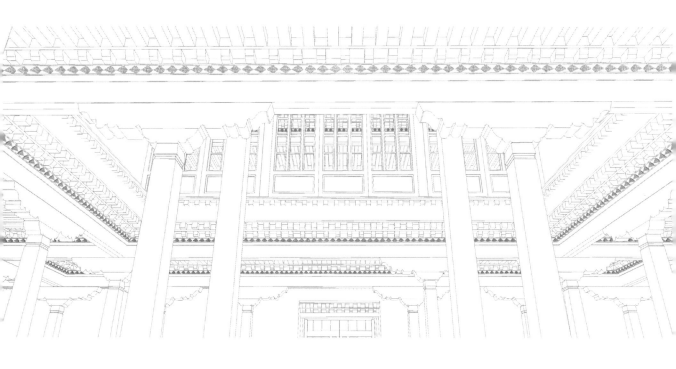

中国建筑工业出版社

图书在版编目（CIP）数据

传统藏式建筑木作营造技术 / 米玛次仁编著 . —北
京：中国建筑工业出版社，2021.9
ISBN 978-7-112-26257-1

Ⅰ.①传…　Ⅱ.①米…　Ⅲ.①藏族—民族建筑—木结
构—工程施工—教材　Ⅳ.①TU-092.814

中国版本图书馆 CIP 数据核字（2021）第 130321 号

责任编辑：滕云飞　张　健
责任校对：王　烨

传统藏式建筑木作营造技术

米玛次仁　编著

*

中国建筑工业出版社出版、发行（北京海淀三里河路9号）
各地新华书店、建筑书店经销
逸品书装设计制版
北京中科印刷有限公司印刷

*

开本：880 毫米×1230 毫米　1/16　印张：15　插页：8　字数：301 千字
2022 年 4 月第一版　2022 年 4 月第一次印刷
定价：**65.00** 元
ISBN 978-7-112-26257-1
（37851）

《传统藏式建筑木作营造技术》一书，是西藏职业技术学院建筑工程学院古建筑工程专业负责人米玛次仁同志经过多年刻苦学习、钻研写成的一本传统藏式建筑木作技术专业课教材。米玛次仁同志在学院承担着藏式传统建筑的教材建设任务。作为一名年轻的少数民族建筑教育工作者，他以所从事的专业技术教育工作为己任，边教学，边学习，边从事专业课教材编写的工作，在较短的时间内完成了《传统藏式建筑木作营造技术》的撰写工作，对西藏地区传统建筑技艺传承作出了杰出的贡献，值得赞扬和庆贺！

我国历史悠久，地大物博，是世界四大文明古国之一，而且是唯一将传统文化传承至今的国家和民族。五千年的中华文明，为人类积累了丰富的物质和精神财富，值得我们深入发掘，认真研究，不断进行总结，并在当今的国家建设中进行传承和发展。

20世纪70年代，我所在的北京市房管局及下属的北京市第二房屋修建工程公司出于更好地承担起首都北京古建筑文物保护修缮任务的需要，决定在局属职工大学开办"古建筑工程"专业，将编写专业课教材的任务交给了修建二公司古建筑技术研究室，由我负责编写木作技术教材，刘大可负责编写瓦、石作技术教材，边精一、张家骧负责编写油饰、彩画技术教材。教材编写完成后即在职工大学讲授，连续培养出数届古建筑工程专业毕业生，对北京乃至全国古建筑技术传承发挥了重要作用。

将千百年来在工匠师徒间口传心授的工艺技术编写成书，在中国建筑技术史上是一项开创性的工作，是确保我国传承了千百年的传统建筑工艺技术免于失传的重要措施，同时也是将在工匠师徒间口耳相传的传承方式与通过书本在课堂讲授的方式结合起来，使传统建筑技术进一步上升为理论的重要举措。这几本书一出来就深受广大从业人员、大专院校师生的热烈欢迎。尤其在文化强国战略成为我们的基本国策，文化自信、文化自强、文化自觉已逐渐成为大家自觉行动的今天，更加成为业内专业技术人员须臾不能离开的专业工具书，在全国范围内广为传播。经过三十余年时间，有的书已重印达二十二次，仍供不应求。

这种状况是件好事，但也存在一定的副作用。由于我国地大物博、民族众多，地域文化、自然条件差异很大，各地的传统建筑在构造方式、材料选择、建造技艺乃至生活习惯诸方面均存在诸多差异，如果全国各地都用官式建筑的做法和技术去修建当地的传统建筑，则对地方传统建筑文化、技艺以及城乡传统风貌无疑是一个严重的冲击。

出于这种考虑，我在2012年业内的一次会议上提出了要编一部《中国地方传统建筑营造大典》(或"营造全书")的设想。这是一个十分宏大的计划，需要全国各地从事传统建筑修建的同仁们分头编写，花十年至二十年的时间逐步完成。

《传统藏式建筑木作营造技术》以及同时编写即将问世的《传统藏式建筑泥石作营造技术》正是这部大典的重要组成内部分。这部书的出版，将对传承藏式建筑传统工艺技术发挥重要作用。

最近广州市建筑遗产保护协会在市领导和文物部门的支持下，正式启动了《岭南传统建筑保护修建工程工艺技术》的编写工作，其他有关地区如湖北、湖南、河北、河南、山西、浙江、江苏、安徽等地区和省份也相继开始了编写本地区传统建筑工艺技术书籍的工作，令人深受鼓舞！相信在不久的将来，我国的地方传统建筑营造技艺研究、整理、编写工作将如雨春笋般在全国展开。

预祝我们的事业日新月异、蓬勃发展；预祝中华优秀传统建筑及其文化的传承与发展在新时代百花盛开、山花烂漫！

马炳坚

二零二一年五月十五日於北京营宸斋

传统藏式建筑木作营造技术

伴随着中华民族伟大复兴工程的美好前景，我区传统建筑事业取得了骄人的成绩，但是由于传统建筑行业人才的缺乏，无法满足符合当地实际的，传统建筑事业保护与发展人才的需求。在此背景之下，西藏职业技术学院联合区内文物、设计、施工等多部门，于2017年成立了藏式古建筑工程技术专业，并招收了第一批该专业的学生，以满足当地传统建筑行业人才的需求。同时，为铸造"中华民族伟大复兴工程——西藏篇章"工作履行职业技术学院应尽的义务。

藏式古建筑工程技术专业作为一门国内外的空缺专业，在课程的设置、教材建设等方面还不够成熟，急需适合专业人才培养要求的配套教材，为此，本人承担了《传统藏式建筑木作营造技术》的编写工作。

本书以西藏职业技术学院古建筑工程技术（藏式）专业人才培养目标为出发点，以该专业学生就业后可能遇到的实际工作为重点，将传统藏式建筑"木作"内容由大到小，由整体到细节的顺序，划分为常用木材与木工工具、传统藏式建筑构造方法及构造技术、梁架构件的制作与安装技术、斗栱构造及制作安装技术、木装修、木雕技术等章节，并辅以大量的墨线图和拉萨地方专业术语（藏语），分别讲述了各部位的构造组成及名称、构造技术、制作和安装要点等内容，使读者对传统藏式建筑木作营造技术有一个系统的了解和认识。另外，在讲解主要的木作技术、技能内容之前，简要梳理了藏式建筑的发展概况、地域特征等内容，以符合"技能为主，理论适当"的职业教育教学理念，让学生系统地认识"藏式建筑"。同时，为学生掌握传统藏式建筑木作知识奠定良好的理论基础。

本书在内容组织上，虽然采集和整理了不同区域藏式建筑木作内容，但是由于时间仓促、水平有限，编写内容更加倾向于卫藏地区的地方木作技术内容，所以在下一步修订时，尽可能地细化、整理不同地方的典型木作技术内容，争取形成一套完整的《传统藏式建筑木作营造技术》呈现给读者。

本书在编写过程中，得到了马炳坚老师、西藏自治区文物保护研究所夏格旺堆老师、西藏自治区文物局加雷老师、西藏大学毛中华老师等诸多老师的大力帮助和指导，在此表示衷心的感谢。同时，在资料的搜集和整理、图纸的绘制等工作中，得到了多布杰、尼玛顿珠、格桑央金、陈末林、旺久等诸多同志和我的学生的帮忙，才能按计划完成了本书的编写工作，在此表示感谢。另外，在编写过程中参考了许多同类教材、专著，引用了相关文献，在此一并致谢。

最后，因为首次整理《传统藏式建筑木作营造技术》相关内容，书中难免有不妥之处，恳请广大读者批评指正。若今后本书能为进一步研究传统藏式建筑木作营造技术这一课题起参考作用，我也就心满意足了。

米玛次仁

2020 年 10 月

传统藏式建筑木作营造技术

目录

第一章

绪

论

第一节 藏式建筑发展概述

藏式建筑以它独特的营造方法和完善的营造技术体系，成为中华传统建筑文化的重要组成部分。藏式建筑的发展过程是藏族人民不断适应高原自然环境的过程，是与周边民族和地区进行文化交流的过程，是受到自然环境、生产环境和社会环境的综合影响下，不断演进和完善的过程。因此，研究它的发展、演变史，对于完善我们对中国建筑发展史、中国建筑营造技术的认识，以及指导西藏文物建筑保护工作都是具有重要的意义。

藏式建筑的发展源头从目前掌握的科学考证资料来分析，可以追溯至距今5000年左右的石器时代。本节内容以西藏社会历史发展为背景，将藏式建筑的发展过程从新石器时代至20世纪中叶划分为七个历史阶段，对不同历史时期的相关建筑文献、考古发掘、典型实物遗存进行分述。让读者对藏式建筑的发展有一个框架性的认识，为学习传统藏式建筑木作营造技术奠定一个基础。

一、新石器时代（距今5000年至3000年）

（一）考古发掘举例

1977年至2002年，西藏自治区文物管理委员会在昌都卡若村发掘卡若遗址，该遗址大致年代为距今5300至4200年，发掘总面积约10000m²，共发掘房屋基址28座，出土遗物有铲、斧、锄、切割器、刮削器等石器，夹砂陶和彩陶制作的罐、盆、碗等陶器，以及大量炭化粟米与动物骨骼。

1984年至1990年，西藏自治区文物管理委员会和中国社会科学院考古研究所西藏工作队在拉萨北郊娘热山沟曲贡村发掘曲贡遗址，该遗址大致年代距今4000—3500年，发掘总面积超过1万m²，共发掘灰坑22个，墓葬32座，祭祀遗迹2处，祭祀石台6座，以及各类打制石器和工艺精美的陶器。

1985年至2002年，西藏自治区文物管理委员会、中国社会科学院考古研究所、西藏博物馆、山南地区文物局联合发掘山南地区琼结县下水乡帮嘎村邦嘎遗址，该遗址现存分布面积约3000m²，遗迹现象有房屋、火塘、灰坑、墓葬等。另外，西藏自治区文物管理委员会和中国社会科学院考古研究所在昌都县恩达乡，当雄县羊八井镇桑萨乡切隆多村加日塘，贡嘎县昌果乡等地方发掘有多处新石器时代遗址。

除了上述西藏自治区内发现的考古遗址之外，与藏式建筑相关的还有四川省甘孜州丹巴县中路遗址和青海卡约文化遗址两个。从丹巴县中路遗址可以看出碉式建筑和石砌技术已趋成熟；从卡约文化遗址中可以看出，在此区域出现了以泥土夯筑技术为主的建筑类型。

（二）新石器时代藏式建筑初步认识

新石器时代，西藏高原低地河谷地区的社会从大面积的狩猎采集阶段进入到了农牧兼营和定居文明阶段；而在高海拔草原地带仍存在着狩猎采集和长距离移动的游牧生活生产。从考古发掘的资料表明，建筑类别有居住建筑，生产加工类建筑以及原始祭祀类的宗教建筑等。建构形制以昌都卡若遗址为例，特征如下：

卡若遗址分为早期、晚期两期三段。早期前段距今约5300年或之前，这个时期发现的房屋遗址有圆底基址。居住面的做法有3种：生土层稍加平整；穴底铺垫一层厚10cm左右的黑灰土，再踩踏平实；穴底中部横铺直径5～10cm的圆木，然后在圆木上涂抹5～10cm厚的草拌泥，最后烧烤干硬。立柱特点是：①均用扁平硕石作明础；②近圆底地基边缘的柱础均向内倾斜，有的明柱在近底部包围一圈泥圈；③有的房基中只有一个较大的柱洞，位置在中部略偏处。这些特征表明当时的房屋可能是圆锥形窝棚式建筑，墙体为木骨架涂抹草泥墙，其构造方法与世界其他地方的建筑文明发展有着异曲同工之妙，也符合建筑发展的历史轨迹。见图1-1（a）。

早期后段，距今约4400年之前。从考古资料得知，这个时期出现了利用木板构筑竖直的"井干式"墙体，还学会了柱网结构和利用椽子木搭建平屋顶的建筑技术。这些技术一方面较大改善了室内空间，另一方面为后期发展平顶藏式建筑奠定了方向。见图1-1（b）。

晚期，距今约4400—4200年。此时，出现了石木或土木混合的建筑结构类型。同时，木材普遍使用于建筑墙体、楼、屋面的建构，另外，建筑层数从单层向双层发展，最终形成了藏式建筑早期形制。见图1-1（c）。

综上所述，纵观长达1000多年的昌都卡若遗址房屋的发展和演变，我们可以发现，新石器时代，原始聚落点（原始村镇）已经形成。藏式建筑由半地穴式圆底房屋发展为地面建筑；建筑结构从窝棚式向柱网结构发展；建筑墙体从草拌泥涂抹墙向井干墙和石砌墙发展；建筑屋顶从圆锥形、人字形坡屋顶向平屋顶发展。在此阶段，石、土、木成为藏式建筑不可或缺的建筑材料，对后来藏式建筑的发展产生了深远的影响。

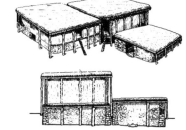

（a）卡若遗址早期前段房屋复原示意图　　　　（c）卡若遗址晚期房屋遗址复原示意图

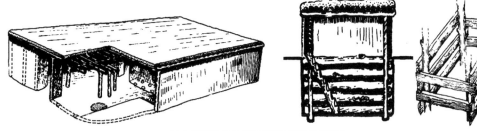

（b）卡若遗址早期后段房屋复原示意图

图1-1　昌都卡若遗址房屋复原示意图

■ 二、远古小邦及悉补野部落时期（新石器时代晚期至吐蕃王朝建立前）

（一）考古发掘举例

1986年，西藏自治区文物管理委员会文物普查队清理香贝墓地（昌都贡觉县境内）5座石棺墓，年代约为汉代以后。墓葬形制有两种：一种是在圆角长方形竖穴土坑内四壁用扁平石块砌筑成室，石壁内侧大致齐平；另外一种是在竖穴土坑中部以长方形石板拼砌成长方形石棺，石棺四周与墓坑四壁间填以石块。

1999年，西藏自治区文物局、四川大学考古专业联合发掘阿里地区札达县东嘎乡皮央村萨松塘墓地，共发现70座墓葬，清理6座，出土陶器、铜剑、铜环等随葬品。墓地形制有两种：一种是用石块在地表砌建墓室；另一种则先挖一浅穴，沿坑口垒砌石块形成墓室，再于墓室四周向外加砌一重或两重石块形成石丘底部的范围，最后堆垒石块形成丘堆。同年，在札达县东嘎乡皮央村发掘格林塘墓地，该墓地年代范围约公元前650—前540年，共清理墓葬10座，殉马坑1座，列石遗迹1处。墓地形制有竖穴土坑墓和穿隆顶土洞墓两类。

2001年，西藏自治区文物局、四川大学考古专业联合发掘札达县东嘎乡东嘎村境内丁冬遗址，该遗址年代距今2065±60年（公元前204—公元68年），共清理房屋遗迹3座。有半地穴石墙建筑和地上石墙建筑。

除上述所列遗迹外，在山南浪卡子县发现查加沟墓地；山南隆子县斗玉乡发现了夏拉木墓地等。

（二）重要遗址或文献内容择述

1.宫殿、堡寨类建筑

《敦煌本吐蕃历史文书》载："在各个小邦境内，遍布着一个个堡寨……"[1] 从聂赤赞普至囊日伦赞（公元前2世纪至公元6世纪末）期间，悉补野部落各位首领修建了数量众多的堡寨（宫殿）。据相关史料记载，第一代聂赤赞普修建雍布拉康[2]……第三代丁墀赞普时期建造了"科玛央孜"城堡……第四代索墀赞普修建了"固拉固切"城堡……悉补野世系中的第五代德墀赞普时修建了"索布琼拉"城堡……第六代墀贝赞普创建了"雍仲拉孜"城堡……第七代王止贡赞普修建了"萨列切仓"城堡。另外，据《贤者喜宴》，从第九代赞普布德贡杰到第十五代赞普梯笑列先后在山南琼结县青瓦达孜山上修建了达孜、桂孜、杨孜、赤孜、孜母琼结、赤孜邦6座宫殿。

2.陵墓

《贤者喜宴》记载：囊日松赞时期"建方形陵墓从此时，其墓位于赤年松赞墓之后，基本形状方形如肩骨……"

3.建筑颜色

《贤者喜宴》记载：囊日松赞时期"每逢过年，用湿羊腿砌筑墙体……用红色黄牛的乳汁和泥修建了赤孜本都宫殿。"

4.其他

《贤者喜宴》记载："蕃域智勇七良臣，第一当属茹勒杰……原木开凿研制犁轭，垦荒开渠引水灌溉……建造桥梁渡河……"

（三）远古小邦及悉补野部落时期藏式建筑初步认识

远古小邦及悉补野部落时期距今年代久远，虽然在文献资料和考古资料中依稀可见昔日景象，但可能保存至今的，最具代表性的仍属雍布拉康（彩图1）。雍布拉康虽说在战乱时期遭受不同程度的破坏，但据传说，现有碉楼位置有原始存物。穹窿银城（彩图2）虽然在史料文献中有诸多记载，但是目前的此处考古工作仍未取得

① 关于小邦，据《贤者喜宴》记载，最初有"十二小邦"，后来发展成"四十小邦"。各小邦名称据《敦煌本吐蕃历史文书》记载，分别为：象雄阿尔巴、娘若切喀尔、奴布林古、娘若夏布、凡若江恩、岩布查松、雅茹玉西、俄玉邦噶、埃玉朱西、龙木若雅松、悉布王若木贡、工布哲那、娘域达松邦、达布朱西、琛地古玉、苏毗之雅松、卓木南木松……最终以鹘提悉补野至位势无敌，最为崇高……

② 据相关文献，雍布拉康始建于雅砻部落第一代赞普聂赤赞普时期（公元前2世纪）。后经多次维修、扩建，现已无法明确当年建筑全貌，但据传说，其碉楼局部保留有当年的建筑遗存，可供参考（彩图1）。

突破性成果。因此，该时期的建筑特征更多的只能从文献资料中记载的内容来总结：

1.小邦初期，随着部落式的群团生存形态的变化，出现了众多部落聚集点。同时，为了防御外来小邦的侵袭，部落聚集点应该具有一定的军事防御性质。小邦中、晚期，个别实力较强的部落聚点发展成为如穹窿银城一样的早期"城镇"。

2.建筑类别不局限于简单的住宅建筑，典型的还有堡寨式的宫殿建筑以及墓葬建筑、桥梁等。

3.建筑技术，尤其砌筑技术发达。

4.建筑墙体有用白色牛奶和红色肉（血）装饰的迹象。

三、吐蕃王朝时期（公元7世纪至公元9世纪）

（一）重要遗址或相关文献择述

1.布达拉宫

《西藏王统记》等诸多史料文献中有当时布达拉宫的记载，内容摘要如下："红山以三道城墙围绕，红山中心筑九层宫室，共九百九十九间屋子，连宫顶的一间共一千间，宫顶竖立长矛和旗帜……王宫南面（药王山）筑九层宫室，两宫之间，架银铜合制的桥一座以通往来……王宫护城各有四道城门，各门筑有门楼设岗，王宫护城东门外筑有国王跑马场，跑道用烧砖铺，砖上铺木板；跑道两侧装有彩色木栏杆，木栏杆上装饰着珠宝串成的半满缨珞，一马驰道上，犹如百马奔腾之响声"。布达拉宫当时的景象可参考罗布林卡墙壁上的壁画。另外，关于始建年代，据《西藏王统记》《苏吡教史》等记载，布达拉宫始建于公元635年。

2.大、小昭寺及十二镇边神庙（ མཐའ་འདུལ་ཡང་འདུལ་གྱི་གཙུག་ལག་ཁང་། ）

关于大、小昭寺及十二镇边神庙在《西藏王统记》的叙述概括如下：文成公主从汉地召请木匠和塑匠，修建甲达绕木齐（小昭寺）；赤尊意修神庙，得知文成公主神通算术，委派人员请求文成公主予以选址大昭寺修建位置，文成公主经推算，雪域吐蕃地势犹如"仰卧罗刹女"，卧塘湖犹如罗刹女心脏，若想修建神庙，须填湖，同时为镇压魔女之肢体，在每肢节修十二神庙，称为"十二镇边神庙"。包括昌珠庙、噶泽庙、藏昌庙、仲巴江庙、布久庙、塞庙、格吉庙、乍顿孜庙、隆塘卓玛庙、吉曲庙、西绕卓玛庙、仓巴隆伦庙共计12座寺庙。

3.桑耶寺

关于桑耶寺选址，《莲花记》载："亥布日如狮子冲天象，清布日如青狮冲天象，东面山形如皇上座椅，八具山如堆宝物，清布地方如莲花盛开……"

关于桑耶寺修建，《布顿佛教史》载："寄护大师仿照乌达拿布日昭寺，设计十二州、日月双星及周围围墙，于丁卯年（787年）奠基……己卯年（799年）完工……"（彩图8）。另外，据史料，在热巴金时期，梧香（今曲水县）修建了扎西格培9层宫堡（ཕུ་གང་རྫོང་དཔལ་འབར་མེད་བཀྲ་ཤིས་སྒོ་འཕང་དགུ་ཐོག་ཅན），热巴金大臣在大昭寺周围修建了喜德寺等6座寺庙；热巴金之前，吐蕃王丞共修建了千余昭寺。

除此之外，吐蕃时期初建的还有帕邦喀（彩图4）、木如宁巴、噶尔琼拉康，山南扎囊县康松桑康林寺、札玛赤桑宫殿等建筑，本书不再详述。

4.查拉路甫石窟

"查拉路甫"石窟，俗称"帕拉路甫"，位于拉萨市药王山麓，距地面高20余m，是西藏发现的第一座石窟。关于查拉路甫石窟的修造历史据《贤者喜宴》记载："茹雍妃在查拉路甫雕刻大梵天等佛像，……历三年圆满完成。"

5.墓葬

根据考古资料，吐蕃时期墓葬有琼结县境内的吐蕃王陵，朗县列山墓地，林周县澎波墓地，安多县芒森墓地，萨迦县吉隆堆墓地等二十余处，但大多属试掘，未经正式考古发掘。

（二）吐蕃时期藏式建筑初步认识

吐蕃时期，大力推广佛教文化，使得佛教建筑取得了空前的发展。另一方面，通过与唐、尼的联姻，促进文化的交流和融合，同时，从唐、尼带来了新的建筑文化和建筑技术，使得吐蕃时期藏式建筑达到了第一次发展的高潮阶段。具体特征总结如下：

1."地相学"等基本理论的成熟，并出现了诸多相关文章（有学者认为"地相学"自古象雄时期产生，当时的象雄王宫孜春精通"地相学"）。

2."堡寨"式的本土建筑营造技术取得了不断地发展，同时通过吸取祖国内地和尼泊尔建筑技术、建筑艺术，为藏式建筑的发展起到重要的促进作用；壁画、雕刻类建筑装饰手法开始崭露头角。

3.大体量、大空间木构营造技术取得了突破。

4.建筑材料或建构形式上，当时应该有熟练的烧砖技术和琉璃瓦。另外，从噶琼拉康石碑等照片分析（彩图39），可能还存在琉璃瓦的建筑屋盖。

5.建筑设计手法或设计理念融入宗教思想，使宗教文化成为建筑文化的组成部分。

6.大、小昭寺的建立，为拉萨城市的发展奠定基础。

第一章 绪 论

四、分裂割据时期（公元9世纪至公元13世纪）

（一）重要遗址或建筑择述

1. 古格故城遗址概述

古格故城遗址位于阿里地区札达县札布让区的象泉河畔，是由吐蕃王室后裔于10世纪初建，17世纪拉达克人攻灭。据推测，古格故城主要建筑于公元10—13世纪形成，16世纪左右局部扩建。古格现存房屋遗迹约445座、窑洞879孔、碉堡58座、暗道4条、佛塔28座以及有武器库、各类仓库及洞窟等。

2. 托林寺、科迦寺等概述

古格王扎西德衮其子松扼，全称章松德（拉喇嘛·益西沃），于公元996年始建托林寺（彩图7）；大译师仁青桑布从克什米尔等地迎请能工巧匠修建了科迦寺（彩图6）。同时，为了报答古格王，仁青桑布在21地各建寺庙1座，即：布让西尔、郭喀尔、波日、央吉、底雅、采美、尼乌、尼王、雪零、举朗、日巴、娇若、日尺、尚尚、拉日、达坡、香、扎让、芝琼等。仁青桑布在西藏西部前后修建了共计108座寺庙。相关文献在《托林寺志》《科迦寺志》手抄本、《西藏王统记》《仁青桑布志》等可查阅。

3. 色喀古托

公元11世纪，由大译师玛尔巴出资命米拉日巴修建碉楼，米拉日巴千辛万苦修建色喀古托（九层公子堡）和碉楼下的噶哇久尼殿（十二柱殿）。

另外，在此期间修建的还有萨迦北寺、热振寺、楚布寺、丹萨替寺、夏鲁寺（始建）、纳塘寺、嘎托寺、直贡梯、山南扎塘寺、类乌齐寺、扎囊县葱堆措巴、结林措巴等众多建筑，仅文献记载，在此期间修建的寺院不少于百余座。

（二）分裂割据时期藏式建筑初步认识

分裂割据时期，各地为王，各自执政，没有集中统一的政权。因此，促进诸多学者，进、出周边地区引进新的思想文化，修建众多宗教建筑，使得该时期的藏式建筑建构形式以及绘画、雕塑、雕刻等建筑装饰艺术方面获得了新的发展，藏式建筑进一步向多元化方向发展。具体特征总结如下：

1. 堡寨式的本土建筑得到了进一步的延续，同时出现了如托林寺朗巴朗则拉康大殿，与前一阶段不同的建筑形制。

2. 绘画艺术盛行印度、尼泊尔等地的风格，并逐步在西藏得以普及。

3. 根据文化交流程度的不同，建筑壁画装饰以及弓木类木构件的制作，逐步体现不同区域的地域特色。

传统藏式建筑木作营造技术

五、元朝（萨迦地方政权时期公元13至14世纪）

（一）重要遗址或建筑择述

1.萨迦南寺概述

1268年，由本钦·释迦桑布组织修建。南寺形似城堡，四周环绕高13m的城垣，平面呈正方形。城堡东面正中辟城门，门上建有敌楼。西、北、南三面各建一敌楼，城墙四角有碉楼式角楼。城墙外围环绕一道较矮的土城遗迹，再外围以城壕。

萨迦南寺因寺内藏书量较多，被誉为中国的"第二敦煌"。

2.夏鲁寺概述

夏鲁寺于公元11世纪（1023—1027年）（彩图15、彩图16），由杰尊·西绕琼乃初建，但现存主要建筑或建筑风格于公元14世纪形成。据《汉藏史籍》《后藏志》等记载，担任萨迦首领的恰那多吉娶了夏鲁家女儿玛久坎卓本，生了达尼钦达玛巴拉合吉塔（元朝第三任帝师），从此，萨迦家族与夏鲁家族之间建立了甥舅关系，得到了额外的关照。到了古相·阿扎之子古相·扎巴赞参担任夏鲁万户长之时，曾前往内地，得到了元朝皇帝的黄金白银等赏赐，命其担任卫藏、阿里三部的元帅，回来之时还带来了许多技艺精湛的汉族工匠，扩建了夏鲁寺金殿及多座佛殿，修筑了围墙和4个大型扎仓……并于1320年迎请布顿·仁青珠主持寺务。布顿·仁青珠在夏鲁寺完成了《夏鲁寺之无量宫殿东西南北诸方所安置曼荼罗等之目》《布顿佛教史》等影响较大的著作以及佛塔度量的论述文献。

（二）萨迦地方政权时期藏式建筑初步认识

在元朝中央政府的领导和支持下，西藏地方事务由地方家族或教派来管理，因此，从整体来看建筑业处于一种不平衡的发展状态。但是，与祖国内地的文化交流更加亲密，带来了更为完备的内地建筑技术，藏式建筑的设计手法得以新的发展。

另外，在萨迦政权时期涌现了如萨迦班智达·贡嘎坚赞、布顿大师这样的"文化创造者"，他们大量的著书写作，在当时出现了众多理论文章，对工巧明的理论发展产生了深远的影响。建筑特征总结如下：

1.建筑作为工巧明的组成部分，理论研究取得了进一步的发展。同时，如佛塔等构筑物的修造，从理论到实践的应用得到了进一步的发展，并逐步得以普及。

2.藏、汉建筑文化的进一步结合，丰富了藏式建筑建构手法和艺术形象。

3.首次出现了在平地上修建的，具有防御功能的汉地建筑布局形式。

4.随着西藏地方与中央政府的联系进一步加强，藏式建筑在祖国内地开始得以传播。如北京妙应寺白塔。

六、明朝（帕竹地方政权时期公元14至17世纪，含第司藏巴地方政权）

（一）重要遗址或建筑择述

1.文献内容择述

《新红史》载："绛曲坚赞先后在多嘎波以上地区修建了桂子芝古、沃卡达孜、贡嘎、内邬宗、查噶尔、仁蚌、桑珠孜、白朗、伦珠孜等十三大宗……"

《唐东杰布传》载：唐东杰布先后在各地方修建了58座铁索桥和60座木桥，百余条渡江船。

2.琼结宗遗址概述

琼结宗位于山南地区琼结县，在原吐蕃王朝时期青瓦达孜六宫遗址位置。琼结宗由当时担任琼结王的桑旺多吉所修建；由永新康、康尼、宗府、监狱4处组成。

3.朗色林庄园

朗色林庄园位于山南市扎囊县扎其乡朗色林村，庄园主楼高达7层，有仓储、学习等功能，属于西藏最古老，功能最为完备的高层庄园建筑之一（彩图20）。主楼外围有双重围墙，其中内墙四角及西墙正中有碉楼和望楼；两围墙之间开筑有宽约5m的壕沟，具有明显的防御功能。

4.加麻赤康庄园

元代，加麻赤康被元朝封为十三万户之一（加玛万户）。加麻赤康为一城墙护围的庄园建筑，城墙内主要建筑有赤康贵族庄园、库房、监狱等以及3座寺庙建筑。其中庄园建筑坐北朝南，围墙东西长250m，南北宽180m，面积45000m²。城墙四角各有1座碉楼，另外在东北角和西南角相距约14m处各有一碉楼。

5.白居塔

白居塔位于江孜县白居寺院内，于1425—1427年初建，历时10年修建完成。佛塔共9层，总高度42.4m，塔基直径62m，全塔共108个吉祥门，76间龛室，其规模之大，堪称西藏大型佛塔的典范。

另外，在此期间各类大型寺庙建筑开始得以兴起。主要的有：甘丹寺，1409年初建（彩图9）；哲蚌寺，1416年初建；色拉寺，1419年初建；扎什伦布寺，1447年初建（彩图10）；塔尔寺，1379年初建。

（二）帕竹地方政权时期藏式建筑初步认识

帕竹地方政权时期，大司徒绛曲坚赞和札巴坚赞等杰出人物对地方管理体制的改革和优化，使得西藏整体的经济、文化、手工业等方面取得了快速的发展，成为自吐蕃王朝之后的第二次大发展阶段。建筑业方面，在此期间最为典型的是陆续修

传统藏式建筑木作营造技术

建的17座宗山城堡，这些宗山城堡，目前仍在西藏多地可以见到遗址。另外，随着管理、分工的需要，出现了评价木匠、石匠等工人技艺能力和职权大小的"乌钦""乌琼"等职务。总的来看，建筑业是获得了大力的发展并趋于成熟，具体特征如下：

1.建筑管理方式日趋成熟；宗堡类、庄园类建筑普遍得以推广；寺院、佛塔类大规模、大体量群体建筑的设计、规划趋于成熟。

2.建筑技术方面：高耸宗堡类建筑修筑在山崖要道上，可见建筑技术，尤其砌筑技术达到了非常高的水平。另外，如朗色林庄园，其高层墙体夯筑技术也非常成熟。

3.建筑艺术方面：这时期绘画艺术走向了成熟和繁盛，形成了勉唐、钦孜、噶赤三大流派以及由江孜寺的江孜派画家等，促进了藏区绘画装饰艺术发展。

七、清朝（甘丹颇章地方政权时期　公元17至20世纪中叶）

（一）典型建筑择述

1.布达拉宫的重建

据《西藏布达拉宫》：布达拉宫于公元17世纪中叶五世时期重建白宫；五世圆寂之后由第司·桑结嘉措主持完成红宫、雪城等扩建工作，奠定了布达拉宫今日所见的基本格局。参考相关资料，其白宫重建时间为1645—1648年；红宫扩建时间约为1690—1693年（彩图3）。

2.罗布林卡

罗布林卡自18世纪至20世纪，历经2个多世纪的发展，形成了今日之规模。关于罗布林卡修建情况据史料记载，驻藏大臣根据清廷旨意，修建了"乌尧颇章"，属罗布林卡始建建筑；于1755年，修建"格桑颇章"；之后，经过不断的扩建形成今日之规模，成为藏式园林设计的典范。

3.其他

公元1709年，始建拉卜楞寺，并在此期间不断地扩建各类大型寺庙，基本形成了今天的规模。另外，在此期间，西藏区内完成了诸多古迹建筑的维修、重建、扩建以及加盖金顶等工作。在内地中原地区，修建了以河北承德避暑山庄内12座藏传寺庙为主的若干藏式建筑。

4.理论研究方面

第司·桑杰嘉措完成了造塔专著《净垢》以及盖世无双塔的修建工作，使佛塔类构筑物的修造进一步得到了规范。

5.城市建设方面

在此期间，鼓励乡下的贵族家庭从农村搬迁至城市之后，以大昭寺为中心，陆续布满贵族府邸、商业建筑等，形成了拉萨老城区的基本格局。

6.管理体制方面

随着社会文明的进步和分工的进一步明确，成立了工厂兼管理单位"堆白康"（འདུན་དཀར་ཁང་།），堆白康设立在布达拉宫雪城内，是有行政主管负责人的总工负责制综合单位。堆白康不仅负责生产各种生活所需物品，还负责管理和批复地方官员、地主修缮佛像、生活用具等的行政审批。并明确规定各类工种的职责、工资、税收、工作时间等相关内容，形成了比较科学的分工、管理体系。

木匠根据技术水平的不同，职务等级划分为乌钦、乌琼、普通等级别。其中：乌钦相当于一级工，总体负责工程的木工工作，协助石匠等其他工种探讨设计、施工方案。乌琼相当于二级工，主要负责木构件的安装工作，并协助乌钦的工作。普通木匠主要听从乌钦的工作安排，按照要求的造型、尺寸，制作各类木构件。

（二）甘丹颇章地方政权时期藏式建筑初步认识

甘丹颇章地方政权时期，一方面在造园技术、园林建筑的修建、规划以及建筑装饰手法等方面取得了新的成就。另一方面进一步规范管理体制，使得该时期的建筑总体按照程式化发展并趋于规范。具体特征总结如下：

1.理论研究不断成熟，佛塔类构筑物的修建进一步规范化。

2.明确工人的职务、职责等，管理模式进入规范期。

3.建筑布局进一步向大型化，群落化发展；建筑技术按照程式化发展，建筑风格基本延续之前的特色。

4.藏地园林技术进一步吸收内地造园技术，取得了突破性的发展，出现了以罗布林卡为首的诸多园林建筑。

5.藏式建筑进一步向祖国内地、内蒙古等地方发展。

■ 八、小结

综上所述，在长达5000年左右的藏式建筑发展、演变历程中，碉楼、堡寨等建筑自始至终贯穿着藏式建筑发展的每一个阶段，成为藏式建筑发展的主线。同时，在发展过程中，不断加强与周边民族的文化交流，积极吸取周边民族建筑之精华，灵活进行本土处理，为碉楼、堡寨式的藏式建筑赋予更多的灵性，使得藏式建筑充满活力，绽放在各地。当然，历经这样的发展过程是漫长的、复杂的，因此，我们按照以上所述的7个阶段，将藏式建筑的发展过程按照发展特征的不同，可以归纳为如下5个阶段：

1.萌芽时期：即新石器时代。以卡若遗址为例的柱网、平顶梁架结构以及石构墙体、井干墙体等营造特征，基本奠定了传统藏式建筑后期发展的方向。另外，从不同地方的考古发掘得知，在此期间已经形成了区域性的建筑风格特征。

2.雏形时期：即新石器时代晚期至吐蕃王朝建立之前。出现了碉楼式的堡寨建筑，成为影响藏式传统建筑的一条主线。另外，碉楼的修造技术在四川甘孜、阿坝藏区非常发达，从某种程度上讲，碉楼修造技术已非常成熟。就如《后汉书•南亦西南夷列传》等文献所载："皆依山居止，累石为室，高者十余丈，为邛聋。"

3.发展时期：即吐蕃王朝至明朝之前。包括吐蕃王朝时期、分裂割据时期和元朝（萨迦地方政权时期）三个阶段。这个时期藏式建筑发展的总体特征为：①延续"碉楼"、"堡寨"类的本土建筑，同时完善其功能和建构形制。②吸收周边不同民族的建筑技术和建筑艺术，出现了如大昭寺、桑耶寺、科迦寺、萨迦南寺、夏鲁寺等，诸多具有其他民族建筑特征的"藏式建筑"；绘画艺术方面，同样吸收和普及尼泊尔、印度以及内地的绘画艺术手法，为藏区绘画艺术的形成奠定了良好的基础。③根据文化交流区域的不同，藏式建筑装饰艺术风格逐步体现不同地域的地域特征。

4.成熟时期：即明朝（帕竹地方政权）时期。建筑技术、建构形式以及建筑绘画艺术等均处于基本成熟时期。

5.规范时期：即清朝（甘丹颇章地方政权）时期。一方面在造园技术、园林建筑的修建、规划以及建筑装饰手法等方面取得了新的成就。另一方面进一步规范管理体制，使得该时期的建筑总体按照程式化得以发展并趋于规范。

第二节　藏式建筑建构类别及木作地域特征

藏式建筑主要分布于我国西部广阔的青藏高原土地上，是我国藏民族的主要居住区。按照传统的地域概念，藏族人民习惯性地将我国西部藏民族居住区划分为：上部阿里、中部卫藏、下部朵康三大区域。其地域广阔、景色宜人、资源丰富，有着茂密的原始森林，也有着一望无际的宽广草原，绵绵不息的山川河流，这些充沛的天然资源给当地藏族人民的生产、生活提供了丰富的条件。同时，造就了西部地区独具特色的藏式建筑，成为中华建筑文化中的一颗璀璨明珠。

藏式建筑在广阔的土地上分布时，因地理区位的不同，各区域的地形地貌、气候环境、木材资源等自然条件存在较大的差异。就如《贤者喜宴》《西藏王统记》

《西藏王臣记》等所述："上部阿里三围，形如池沼，为麋鹿野兽之地。中部卫藏四茹，形如沟渠，为虎猫猛兽之地。下部朵康三岗，宛如田畴，为飞禽鸟类之地"。表现了不同区域的地形地貌特征，这种地貌差异影响了藏式建筑的建构方法。另外，在各个区域，不同民族之间存在文化的渗透和融合现象，这对建筑的营造方法、艺术表现形式等方面产生了巨大的影响。总之，在藏式建筑分布区域，自然条件的差异以及人文环境的交流，一方面影响了藏式建筑的建构形制和木作的表现方法。另一方面造就了以藏族建筑文化为特质，融合了其他建筑文化的藏式建筑，呈现出中华文化多元一体背景下的区域建筑生存形态。

■ 一、自然环境影响下的藏式建筑建构类别

（一）青藏高原自然环境概况

青藏高原平均海拔4000～5000m，气候环境属高原气候。分为高原陆地气候区、高原高山气候或喜马拉雅山南翼热带山地湿润气候区、喜马拉雅山南翼亚热带湿润气候区、藏东南温带湿润高原季风气候区、雅鲁藏布江中游温带半湿润高原季风气候区、藏南温带半干旱高原季风气候区、那曲亚寒带半湿润高原季风气候区、羌塘亚寒带半干旱高原气候区、阿里温带干旱高原季风气候区、阿里亚寒带干旱气候区10余个区域。总体气候特点是紫外线强、昼夜温差大、日照多、气温低，高原腹地年平均温度在0℃以下，大片地区最暖月平均温度不足10℃。年降水量50～4000mm，其中，高原腹地年降水量平均为300mm左右，而南部地区年降水量达1000～4000mm。

按照地形、地貌的不同，青藏高原划分为藏北高原、藏南谷地、柴达木盆地、祁连山地、青海高原和川藏高山峡谷区等6个区域（为了便于理解，本书以青藏高原北部、东部、南部、西部以及高原腹地5个区划进行介绍）。整体生态系统脆弱，是我国重要的生态安全屏障区。森林资源分布面积根据国家林业和草原局公布的青海省2018年森林资源清查结果显示，青海省森林面积为420万hm²，森林覆盖率仅为5.82%。另外，据国家林业局和草原局公布的第九次全国森林资源清查结果显示，西藏地区森林面积为1490.99万hm²，森林覆盖率12.14%。整体森林覆盖率极低，而且分布不均匀、不平衡。如藏北和西部阿里地区，属青藏高原海拔最高、生态最脆弱的地方，称之为"世界屋脊的屋脊""地球第三极"等，这里有大面积的无人区，植被覆盖率极低，建材用的木材资源更是少之又少。高原腹地，虽然有少量的植被以及建造用的木材，但是，相比土地面积，植被覆盖率仍然很低，仅有的树木如果砍伐过量会直接影响高原生态环境。高原南部、东部以及喜马拉雅山一带气候温润，相比青藏高原其他区域森林覆盖率大，尤其南部和喜马拉雅山一带覆盖着

茂密的原始森林，是高原森林主要孕育地。

（二）自然环境影响下的藏式建筑建构方法

综上所述，藏式建筑分布区域自然条件存在着一定的差异，在这种差异的影响下，形成了如以农业为主、以牧业为主、以林业为主等不同的生活方式，由此带来了如农区建筑、牧区建筑、半农半牧区建筑、林区建筑等不同生活方式下的建筑建构方法。另外，按照地形和气候条件的不同，又有如高原山地建筑、河谷盆地建筑以及干旱区建筑和湿润区建筑等不同地貌和气候条件下的建构方法。

以民居建筑为例，对不同区域建筑的建构方法做粗略的对比和介绍：

1.青藏高原西部、北部

以西藏阿里地区改则县、革吉县以及那曲地区和青海海西、海北等地为例，该区域整体海拔高、气候寒冷、年降雨量小，在很大范围内不适合种植农作物，山地多且有大片的无人区以及广阔的草原。在这样的自然条件下，生活在这里的人们除少部分以农业为生外，大多依靠畜牧业生活。游牧不定居的传统的牧民生活方式，使得他们对于固定的居住房屋要求不高，更多的是强调"使用主义"，不强调华丽的装饰，因此，总体建筑显得比较简单、随意（图1-3）。而在阿里普兰、札达等海拔较低，以农业为主的地方，民居建筑同日喀则的民居建筑大同小异（图1-4）。当然，在门、窗套等细节装饰上会有当地地域特色的做法。

从建构形式来看，该区域因为少雨、寒冷，因此，建筑以平顶为主。同时，为保暖防寒，采用较厚的墙体，而且在外围护墙上开设的窗洞面积较小，甚至有些地方外围护墙上不开设窗洞口。在风沙较大的地方，还会采用回字形的平面布局以防御风沙。如青海黄南藏族自治州民居建筑。（图1-2）

2.青藏高原东部

青藏高原东部主要包括昌都、甘孜、阿坝等地。该区域属温、热带气候区，同样有着连绵不绝的山地，但是因为该区域海拔相对较低，有一定的树木植被，雨水量也较大，气候较暖和，因此以农业、半农半牧生活为主，有部分纯畜牧业。

该区域民居建筑在满足实用功能的同时，强调华丽的装饰，因此总体建筑显得

图1-2 青海黄南州藏式民居

图1-3 阿里、那曲等地方牧区
民居

图1-4 阿里农区民居

色彩艳丽、装饰繁华，尤其在甘孜、阿坝地区多处峡谷地带，建筑大多修建在山坡上，碉楼特征更加明显，而且体量庞大，显得尤为壮观（图1-8，图1-9，图1-10）。

东部地区建筑以土木或石木混合结构为主，少部分地方有纯木结构建筑（图1-5）。局部地方，建筑顶层外围护墙体采用出挑的方法，并且为了减轻出挑墙体的重量，采用树枝类轻质材料予以简易封闭（现代民居中顶层墙体常用木板围护）。屋盖以平顶挑檐为主（图1-7），在现代民居建筑中有采用琉璃或铁皮在挑檐平屋盖上部加盖一层坡屋盖的构造方法（图1-5，图1-6，图1-8）。

图1-5　四川甘孜炉霍县藏式民居

图1-6　四川甘孜道孚县民居

图1-7　昌都民居

图1-8　四川甘孜民居

图1-9　四川甘孜现代民居

图1-10　四川阿坝甘堡藏寨

3. 青藏高原南部以及喜马拉雅山一带

青藏高原南部包括云南香格里拉以及林芝等地方。该区域总体气候属亚热带和温带气候区，年降水量大，气候宜人，其中林芝素有"西藏江南"之称，海拔最低处为200m左右。

该区域居住的人们主要以农业为主，少部分以林业或畜牧业为生。建筑有石木、土木以及纯木结构。普通的石木或土木结构建筑外观造型大体同高原腹地农区建筑，但是因为降雨量大，为了能够迅速排水，普遍采用木板或石板类的人字形坡屋盖。另外，因为气候暖和，外围护墙可以根据造型需求灵活处理，甚至可以做敞开式的平面布局（图1-11，图1-12）。

4. 青藏高原腹地

高原腹地包括拉萨、日喀则、山南等地，以农业和半农半牧业为主。总体气候属温带半湿润高原季风气候，但降雨量不大。

该区域一方面因为气候特点，另一方面因为建筑所需木材大多从其他地方搬运，需要投入大量的人力、物力，因此很少出现纯木结构的建筑类型。主要按就地

传统藏式建筑木作营造技术

取材原则，建构石木或土木混合结构建筑，屋盖大多以平顶带女儿墙为主，属于比较典型的藏式建筑建构方法之一（图1-13）。

图1-11 云南香格里拉民居　　　　图1-12 林芝民居　　　　图1-13 日喀则民居

二、人文环境影响下的藏式建筑木作地域特征

　　藏式建筑木作表现方法按照地域的不同稍有差别，这种差异在该区域人文综合环境的影响之下受到的影响更为强烈。长久以来，青藏高原作为中国不可分割的一部分，与周边地区建立了久远的交流关系，特别是通过"茶马古道""丝绸之路"等商贸、文化走廊，持续不断地吸收了周边地区的建筑文化。随着西藏地方与祖国内地关系的不断深入，藏式建筑更加广泛地吸取了内地不同地区的建筑技术和建筑文化，丰富藏式建筑表现技法和表现内容，为藏式建筑增光添彩。

　　本书根据藏式建筑分布区域人文环境影响的差异，划分了：西部阿里以及喜马拉雅山一带、中部卫藏、北部青海、东部甘孜、阿坝以及南部云南五个区域，重点选取典型寺庙或民居类建筑的木作表现方法加以分析、对比，简要介绍在不同人文环境影响下的藏式建筑木作地域特征。

（一）西部阿里以及喜马拉雅山一带木作特征

　　西部阿里（以普兰、札达两地为例）以及喜马拉雅山一带（以吉隆县为例）主要接壤的有印度、尼泊尔以及不丹等国家和地区。其中，不丹等原属吐蕃范畴，在建筑文化上有着很深的渊源。因此，这片区域是藏族建筑文化与尼泊尔等区域建筑文化交融的重点区域。

　　从建筑的建构形式来看，这一片区总体还是保持着典型的藏式梁架结构，以平顶屋盖为主。局部降雨量大的地方，采取平顶上部加盖一层木板或石板坡顶屋盖的建构方法，这种建构方法也是属于藏式建筑比较常见的屋盖处理方法。除了上述比较典型的藏式建筑建构方法之外，也有少量的如吉隆县强准祖拉康、帕巴拉康等尼泊尔建筑特征比较明显的建筑，图1-14，图1-15所示。

　　木作特征来看，民居建筑与其他区域的民居建筑大同小异，但是寺庙或古建筑中的木作方法，尤其弓木以及门窗等装饰装修方面，与青藏高原其他区域存在较大的差异，这种差异很有可能是藏式建筑的建构方法与尼泊尔等地的木作技术相互融合而形成的。现以该区域寺庙类古建筑中的典型构件为例，简析如下：

1. 弓木

吉隆地区古建筑中的典型弓木形制为多弧曲线的"波浪形"弓木，这种弓木属于比较早期的弓木形制。除此之外，还有一种是将弓木的一端雕刻成动物像的特殊"弓木"，这种弓木制作方法在其他地方是少见的，可能是受到尼泊尔木作技术影响的产物（图1-16，图1-17）。

图1-14 吉隆县强准祖拉康

图1-15 吉隆县帕巴拉康

图1-16 吉隆县卓玛拉康梁架构件

图1-17 吉隆县卓玛拉康梁架构件

图1-18 吉隆县帕巴寺窗户

阿里地区普兰和札达两地古建筑中的典型弓木形制有"带叶状"和"无叶状"两大类。大多有长弓木和短弓木两种，少数仅有长弓木。弓木饰面普遍有宗教图案或者佛像雕刻，然后再以彩画或镀金装饰。从外观形制来看，这种"带叶状"和"无叶状"的弓木是阿里地区普兰、札达等地特有的弓木形制，这也许跟这些古建筑修建时受克什米尔等地建构技术影响有关（图1-19，图1-20，图1-21，图1-22）。

2. 门窗木装饰

木装饰总体特征是雕刻装饰丰富，尤其如图1-17所示，檐口椽子木与梁架弓木之间的狮子木雕装饰方法以及弓木端部的狮子装饰类做法在其他地区极为少见，具有较为明显的非藏区的木作特征。门窗装饰同样有较多的雕刻类装饰，但是雕刻图案普遍采用藏式装饰常用的吉祥八宝类图案（图1-18，图1-19，图1-21）。藻井形制如图1-20所示，常用边玛、曲扎等装饰构件叠加制作一级或多级藻井，这种藻井处理方法同其他地方藏式建筑藻井处理方法基本相同。

（二）中部卫藏地区木作特征

拉萨为主的高原腹地是西藏地区藏式建筑核心发展和演变地，这里的木作方法

图1-19　阿里普兰县科迦寺弓木、大门

图1-20　阿里札达县古格王城弓木、藻井

图1-21　阿里札达县古格王城大门、弓木

图1-22　阿里札达县托林寺弓木

历经多年的发展和演变，如今形成了相对成熟、相对统一的木作方法，但是在发展过程中，因为与祖国内地建筑文化、建筑技术存在紧密的交流，所以受到内地建筑的影响是极大的，最为明显的有斗栱（注：斗栱在其他区域藏式建筑中也有使用，本书以卫藏地区为例）。具体特征简介如下：

1. 斗栱

斗栱作为中国古建筑特有的木构件之一，在藏式建筑中的应用是非常广泛的，典型的如大昭寺中心佛殿上空的斗栱，据宿白先生推断，是目前发现中式古建斗栱应用最早的实例，其年代参考内地遗址，约为公元11世纪前期以后；夏鲁寺主殿斗栱据推测，属于元代官式建筑斗栱类型（图1-29）。除了这些之外，藏式建筑金顶、飞檐，以及墙体上使用的斗栱，虽然构造技术存在一定的差异，但是，外观形制上基本与内地斗栱是相似的（图1-30，图1-31）。

2. 弓木

弓木大多由长弓木和短弓木组合而成。弓木形状可简可繁，有简易的弧形弓木（图1-24），也有曲线稍微灵活的弓木（图1-25），但是最为典型的仍然是"甲布赤旭"弓木" རྒྱལ་པོ་ཁྲི་བཤམས"（图1-23），这类弓木广泛使用于各地、各类建筑中。而如图1-25所示的弓木大多见于园林、贵族宅院等建筑。

3. 门窗木装饰

门窗木装饰包括的内容是比较多的，尤其以拉萨为主的青藏高原腹地门窗木装饰是本书要讲解的重点内容，所以详细特征可阅读本书第六章。其基本特征有：①门窗组合方法以及门窗装饰构件的使用具有一定的规律性，构造方法相对统一，构造技术

图1-23　甲布赤旭弓木　　　　　图1-24　弧形弓木　　　　　图1-25　曲线弓木

图1-26　大昭寺人面狮身梁架装　　　　　图1-27　拉萨地区典型门窗
　　　　　饰构件

图1-28　拉萨普通寺院建筑

图1-29　夏鲁寺斗栱　　　　　图1-30　金顶斗栱举例　　　　　图1-31　罗布林卡窗楣斗栱

比较成熟（图1-27）。②木构件的装饰方法是，古建筑中采用较多的雕刻再饰彩画
的装饰方法，而且雕刻内容繁杂。普通建筑中更多的是采用彩画装饰（图1-28）。

（三）北部青海地区木作特征

　　青海地区西宁、黄南等地方，交叉居住着藏、汉、回等多种民族，因此，建筑
技术、建筑形制等存在相互吸收、相互影响的现象，而且这种影响是比较明显的。
以这两个地方的寺院建筑为例，寺院的主体建筑普遍采用藏式梁架、柱网结构；屋
盖以平顶或平顶加盖金顶的建构方法。但是配套、附属类建筑较多使用琉璃瓦歇山

屋盖、琉璃瓦卷棚屋盖等纯内地建筑的做法，这种组合方法在西藏寺院中是几乎没有的（图1-32，图1-35）。

另外，如黄南地区的民居建筑，普遍为平顶或坡度比较小的单坡屋盖，屋顶没有女儿墙，与其他地方的藏式民居存在较大的差异，或者说黄南地区的民居建筑藏式特征不明显（图1-39）。

木作特征以西宁湟中区、黄南藏族自治州两地方的寺院建筑为例，基本特征如下：

1.大木构件及弓木

除典型藏式平顶梁架结构的建筑之外，寺院大门以及个别大殿类建筑采用坡顶的纯内地汉式大木构造方法（图1-35，图1-37，图1-38）；主殿建筑的弓木普遍使用典型的"甲布赤旭"类弓木，但是回廊以及附属建筑中，因为建筑本身结构的原因，将承重的弓木替换为雀替木装饰构件（图1-32，图1-36，图1-38）。

2.门窗木装饰

寺院类建筑的门窗基本构造组成同其他地方藏式门窗一样，由门窗楣、边玛、曲扎等构件组合而成，但是在组合方法、材料应用上差别较大，尤其大门门楣位置装饰木构件的组合方法相比其他地方的组合方法，变得更加繁杂，其构造方法有垂

图1-32　青海湟中塔尔寺建筑

图1-33　青海湟中塔尔寺大门

图1-34　青海湟中塔尔寺大门

图1-35　青海黄南隆务寺歇山屋盖

图1-36　青海黄南隆务寺某院落

图1-37　青海黄南隆务寺大门

图1-38　青海黄南隆务寺大门木构件

花门、牌楼等门头构造相似之处。另外，门楣顶部采用砖、瓦等材料做压顶，因此，外观形制与其他地方藏式大门差别较大（图1-33，图1-34）。

民居建筑中的大门形似汉式垂花门，有些门楣位置采用成组斗栱装饰，有些采用圆木、木板以及雀替木组合制作。木构件面做雕刻装饰，雕刻图案常用吉祥八宝、七政宝等装饰图案（图1-39）。

图1-39　青海黄南民居建筑

（四）东部甘孜、阿坝地区木作特征

甘孜、阿坝地区西面和北面以及部分南面接壤西藏自治区、青海藏区以及迪庆藏族自治州，东部和部分南面接壤绵阳、雅安以及凉山彝族自治州，交通发达。

甘孜、阿坝地区的藏式建筑不管是寺庙类建筑还是民居建筑，建构形式以石木或土木混合的平顶梁架结构为主（图1-46）。局部如甘孜州道孚县、炉霍县等地方有纯木结构的建构方法，但是屋顶、檐口以及门窗装饰的做法与典型藏式做法大同小异，总的来说，藏式建筑的特征是很明显的。具体木作特征如下：

1. 建构方法及弓木类构件

木结构建筑按照跨度要求，设置柱网，柱上施梁架，形成梁和柱的框架结构，然后在其梁上安装椽子木，形成楼、屋面。主体屋盖为平顶，但是为了排水或美观需求，在平顶上部普遍加盖一层铁皮类坡顶屋盖（图1-40）。

弓木类构件大多为典型的藏式弓木（图1-41），但是在纯木结构建筑中，由于梁、柱尺寸较大，而且因为构造方法的不同，基本不使用弓木构件（图1-42）。

2. 门窗木装饰

门窗构造及做法同其他区域藏式门窗大同小异，属于比较典型的藏式门窗

图1-40　四川甘孜炉霍县木构建筑　　　　图1-41　寺庙建筑室内木构件

（图1-43）。个别门楣往外出挑深度较大，门楣下部有类似汉式建筑中的枋、檩构件，与典型藏式门楣存在较大的差别，有一种藏式门楣和汉式垂花门相结合的感觉（图1-44，图1-45）。

图1-42　四川甘孜道孚县民居室内

图1-43　四川甘孜丹巴县门、窗举例

图1-44　四川甘孜丹巴
县建筑大门举例

图1-45　四川阿坝马尔康建筑门窗举例

图1-46　四川阿坝马尔康建筑室内、外举例

（五）南部香格里拉地区木作特征

香格里拉从地理位置分析，与西藏自治区和甘孜藏族自治州接壤，南面与丽江接壤。建构方法同样属典型藏式梁架结构，屋盖以平顶或平顶加坡屋盖为主（图1-47）。木作特征如下：

1.大木构件及弓木

寺庙类建筑同典型藏式建筑构造做法一样。民居建筑在香格里拉地区有采用敞开式廊道的做法（图1-48），其外廊道木柱尺寸较大，木柱顶部未安装弓木类构件，而是安装雕刻有吉祥八宝类图案的雀替木装饰构件，雀替上部安装有枋、檩类构件。

2.门窗及木装饰

门窗装饰构件总体特征藏式明显，但是该区域窗户以及木构件雕刻装饰采用较多。另外，传统民居窗户两边的"黑边"大多采用木板黑边，这种做法在其他地方是少有的，应该与该区域丰富的木材资源有关（图1-49）。

第一章　绪　论

图1-47　云南香格里拉松赞林寺

图1-48　云南香格里拉民居建筑

图1-49　云南香格里拉民居门窗

　　综上所述，青藏高原地区藏式建筑的建构方法以及木作方法，虽然受到多种因素的综合影响，但是总的来看其建构方法根据区域自然环境的不同，基本遵循着"就地取材"的原则，因此，自然环境的影响因素起着决定性的作用。而木作方法在不同人文条件下受到的影响更加明显，这种影响体现在该区域所处的人文综合环境，是一项非常复杂的、庞大的研究课题。本书中通过若干典型的藏式建筑的图片展示和简要文字说明来初步分析不同人文环境下的藏式建筑木作特征，试作如下总结：①大木构造：以平顶梁架、柱网结构为主，部分采用坡屋顶的大木构造方法；②装饰方法：以藏式建筑典型装饰图案和门、窗构图，以及檐口、女儿墙等为基本特征，广泛吸取内地木作方法，呈现出中华文化多元一体背景下的建筑生存形态。

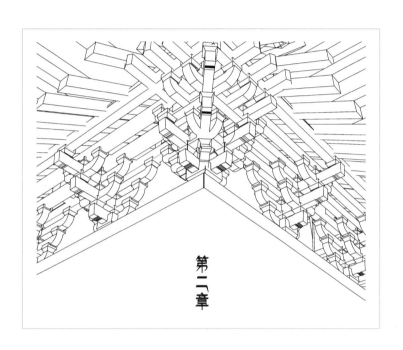

第二章

木材、度量方法、
木工工具

木工作为传统藏式建筑最主要的工种，是技术含量最高、工具种类最多、制作工序最复杂的工种之一。木工的主要职责是协同其他工种，完成工程中的各项工作，同时，要负责整体工程和各子项（梁、椽、柱、装饰等）工程中需要用到的各类材料用料的计算以及材料种类的选型，然后精心挑选优质材料，再通过画线、刨、锯割等一系列加工工序，制作独立构件，最终将整体构件组装完成。总之，在传统藏式建筑工程中，木工的重要性是不容忽视的，尤其高级木工（乌钦）对工程的"三控两管"可以起到重要的决定性作用。当然，要想成为高级木工是需要经过漫长的实践训练和丰富的实践经验积累，是要从学徒开始起步，在此过程中，需要清楚地掌握常用木材的基本性能、度量方法，以及工具的使用方法等，这些是所有木工最基础，也是必备的基础知识和技能。

本章通过相关规范文件，结合传统藏式建筑常用木材，对木材的基本性能和材质要求作初步介绍。另外，作为了解内容，对传统的度量方法和木工工具也进行了简要的介绍。

第一节　木材

树木按照特征和性质的不同，划分为针叶树和阔叶树两大类型。针叶树的叶子细长如针或呈鳞片状，多数常绿，树干高大通直，有的含树脂，材质一般较软，故又称为软材。阔叶树的叶子较宽大，叶脉呈网状，多数落叶，树干通直度较差，材质多数较坚硬，故又称硬木材。

木材的优点是质轻、弹性好、具有一定的强度和抗冲击、震动能力。缺点是易开裂、变形、腐蚀等。木材的种类不同，性能不同，了解好木材性能有助于加工和使用木材。

■ 一、木材构造及物理性能概述

（一）木材构造

木材按照树木横切面上呈现出来的层次不同，分为树皮、形成层、木质部（边材与心材范围）、髓心四部分（图2-1）。

①树皮、形成层：从横切面观察，树木最外面靠外的是树皮，作用是保护树木免受灾害；而靠里面的树皮负责传输营养和用来形成木材和树皮的细胞组织，叫作形成层。

②边材、心材、熟材：边材是靠近树皮的部分；心材是靠近髓心的部分；中心部分含水较少，称为熟材。

③年轮：在木材的横切面上，有许多环绕髓心的同心圆称为年轮或生长轮，是观察树龄的主要构造层。年轮在弦面上呈"v"字形纹理，在径切面上呈直线的线条（图2-2，图2-3）。

④木射线：在木材横切面上，可以看到一条条自髓心向树皮方向呈辐射状略带光泽的断续线条，称为木射线。针叶树木射线细，不易看见；阔叶树木射线较发达，易观察。

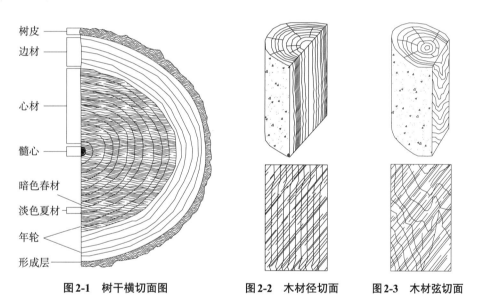

图2-1 树干横切面图　　图2-2 木材径切面　　图2-3 木材弦切面

（二）木材的物理性能

木材的物理性能主要包括木材的承载能力和变形能力。其中，承载能力包括木材的抗压能力、抗拉能力、抗弯能力三种；变形能力主要是指在干缩变化中的变形能力。

木材的物理性能随木材种类的不同而不同，基本特征如下：

1.抗压、抗拉、抗弯强度

①抗压强度：木材有顺纹、横纹，根据实验，顺纹受压强度约为顺纹抗拉强度的10%～30%，在建筑材料中主要利用木材的顺纹抗压强度来制作木柱等受压构件。

②抗拉强度：木材的抗拉强度分顺纹抗拉强度和横纹抗拉强度两种。木材的横纹抗拉强度仅为顺纹抗拉强度的2.5%～10%，故木材不易用作受横拉构件。

③抗弯强度：木材受到垂直于木材纤维方向的外力作用后产生弯曲变形，木材抵抗上述弯曲变形的破坏能力叫木材的抗弯强度。

2.木材的干缩湿涨

木材在受潮吸水后会膨胀，水分蒸发过程中会收缩，这种干缩湿涨过程中会导致木构件的开裂、弯曲、变形等影响构件正常使用。因此，木材的含水率要保持在一定范围之内。

■ 二、传统藏式建筑常用木材及成材规格

（一）传统藏式建筑常用木材

传统藏式建筑常用木材有藏青杨、藏柏、柳树、松木、银杉木、桃木以及沙棘木、桦木、野柳等。各类木材基本性能和使用范围如下：

1.藏青杨：（藏语名 སྦྱར་པ），主要生长在拉萨、日喀则、林芝、昌都等地方；具有抗旱、耐寒、抗病虫的特点；按照颜色及生长特点分为白杨树和黑杨树两种；白杨树（སྐྱེར་དཀར）树干挺直，树皮呈白色，木材呈浅黄色，材质轻柔，加工容易，纹理直而结构细密，是制作雕刻构件的主要用材；黑杨树（སྐྱེར་ནག）树皮颜色为深色，木材呈浅黄色，材质较硬，加工难度较大，容易干燥，不翘曲，胶接和涂装性能较好；主要用于制作梁、柱以及门、窗等装饰构件。

2.藏柏：（藏语名ཤུག་པ），树高可达20m，藏柏同藏青杨一样，具有抗旱、耐寒等特点，木材纹理直顺、结构细密、材质坚硬、易加工，具有良好的耐久性；主要用于制作各类梁、柱、门、窗以及地板等。

3.柳树：（藏语名ལྕང་མ），以拉萨地区柳树为例，形态特征是树枝细长且下垂，树高可达20～30m，径50～60cm，在潮湿环境中生长迅速，树皮组织厚、纵裂、老龄树干中心多朽腐而中空；主要用于制作椽子木。

4.松木：（藏语名ཐང་ཤིང），常见的有落叶松（ཨ་ཁྲི）和雪松（ཚོ་ཤུ）两种。主要特征是树皮暗灰色，年轮分界明显，木射线细，材质略重，干燥性能不佳，干缩性大，易干裂、翘曲变形，加工性能不好。其中，落叶松硬度中等，强度高，常用于制作梁、柱、椽以及门、窗等构件；雪松材质较轻柔，主要用于制作梁、门、窗等构件。

5.银杉木：（藏语名ཀ་ཤིང），主要特征是树皮灰褐色，纵向浅裂，易剥落成长条状，内皮红褐色，年轮极明显，木射线细，木材有光泽，材质轻，纹理直而均匀，结构中等，干燥性能良好，易加工。主要用于制作梁、柱、椽、门、窗以及家具等。

6.桃木：（藏语名ཁམ་ཤིང），主要特征是树皮暗灰褐色，平滑；心边材明显，心

材淡灰褐色稍带紫，年轮明显；木材重量及硬度中等，结构略粗；颜色花纹美丽；强度中等，富有韧性；干燥不易翘曲，耐磨性强；加工性能良好，胶接、涂饰、着色性等都好。主要用于制作柱头以及各类应力集中部位的垫板构件。

7.沙棘木：（藏语名 སྟར་བུ།），主要特征是抗旱、耐风沙、干缩性能好，不易起翘和变形，尤其受盐碱影响小，但是树枝较细，树干长度一般。主要用于制作地垄类小空间、封闭易潮湿空间的椽子木。

8.桦木：（藏语名སྟག་པ།），主要特征是纹理直、结构细致，但是容易腐蚀。常用于制作室内地板。

（二）常见木材规格

木材经伐木工人伐木之后，按照市场需求，由木材加工厂加工或切割成圆木、方木、板材等不同形状、不同规格的木材，并流通于木材市场予以销售。原木加工后的木材规格以拉萨地区木材市场为例，见表2-1。

拉萨地区木材市场常见木材规格表

表2-1

木料类型	长度	宽度/直径	厚度
圆木	140cm	13cm	
	90cm	7cm	
	60cm	6cm	
方木	400cm	20cm	20cm
	400cm	20cm	14cm
	400cm	10cm	10cm
	400cm	8cm	8cm
	400cm	5cm	5cm
板材	400cm	8cm	2cm
	400cm	15cm	2cm

■ 三、木材的缺陷、材质标准及防护

（一）木材的缺陷

木材的缺陷一方面是由于树木在生长过程中，受到生长环境或遗传因子的影响而形成如木节子、裂纹等天然的缺陷；另一方面是木材经伐木之后，由于存放不当而形成如腐蚀、虫蛀等后天的缺陷。木材的缺陷不管是天然的还是后天的，都对木材的性能、加工等有一定的影响，我们在选择木材时应尽量避免有缺陷的木材，具体要求如下：

1.避免选择有节子的木材。木材在正常情况下纹理清晰，颜色正常，但是出现

节子会导致木材纹理的破坏、颜色的改变，影响木材的加工和使用。木节分为活节和死节。活节由树木的活枝条形成的木节，年轮与周围木材紧密连生，质地坚硬，构造正常；死节是由树木枯死枝条形成的木节，年轮与周围木材脱离或部分脱离。

2.避免选择腐朽木材。因保管不当或长期处于潮湿的环境中，会使木材颜色变色、结构松软，变成易碎的粉末状软块，这种现象叫木材的腐朽。腐朽的木材不宜用来制作构件。

3.避免选择裂纹木材。木材在生长过程中或者在不恰当的干燥过程中会出现不同裂纹（图2-4），如果裂纹细小且已稳定，不会影响结构承载和木材的强度；反之，裂纹较大或者一直处于扩大蔓延趋势，会影响木材顺纹强度以及承载性能。

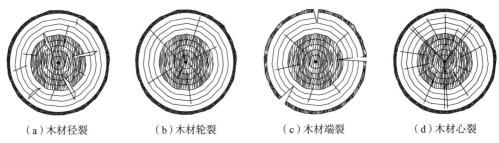

（a）木材径裂　　　（b）木材轮裂　　　（c）木材端裂　　　（d）木材心裂

图2-4　木材不同裂纹

4.避免选择虫害木材。木材里面常见的蛀虫有白蚁、天牛等，它们的幼虫对木材内部蛀蚀，木材变得松软、粉末状，而且不及时控制蛀虫范围，整块木头会受虫害，影响正常使用。

5.避免选择纽纹木材。纽纹是指原木纤维走向与树干纵轴方向不一致，形成的呈螺旋状纹理。木材纽纹影响结构受力，应避免选择纽纹过大的木材。

（二）木材材质标准

木材选择时，在不影响正常使用和结构安全的情况下，允许有一定的水分和缺陷，但是应控制在一定范围之内。另外，根据使用性质的不同，木材中含有的水分多少以及缺陷程度等材质标准也有所不同，具体如下：

1.含水率

含水率是指木材中所含水分的重量与绝干后木材重量的百分比。

木材平衡含水率是指木材放置在空气中时与大气中的水分不断进行交换，当这种交换达到平衡状态时的含水率。

木材中的含水率应控制在一定范围内，如果含水率过大，会导致构件在使用过程中由于木材中水分的蒸发而出现扭曲、开裂等现象；如果水分过少，会不停地吸收空气中的水分而发生膨胀、结构松动、发霉等现象，影响结构安全。相关具体要求见下文。

1.1 根据《木结构工程施工质量验收规范》中规定，各类木材进场时的平均含水率要求如下（西藏等地方，由于气候干燥，含水率在此标准基础上应适当降低；在实际工作中，通常凭借木工经验来确定各类木料的含水率）：

（1）原木或方木含水率不应大于25%；

（2）板材及规格材不应大于20%；

（3）受拉构件的连接板不应大于18%；

（4）处于通风条件不畅环境下的木构件的木材，不应大于20%。

1.2 根据中华人民共和国文物保护行业相关标准，木材含水率及平衡含水率要求见表2-2，表2-3。

含水率要求　　　　　　　　　　　　　　　　表2-2

序号	木构件类别	含水率
1	柱类、梁类、枋类、桁（檩）类	当地木材年平衡含水率-2%≤含水率≤当地木材年平衡含水率+2%
2	椽类、板类、斗栱类、连檐类	当地木材年平衡含水率-3%≤含水率≤当地木材年平衡含水率+3%
3	木装修	当地木材年平衡含水率-5%≤含水率≤当地木材年平衡含水率+5%

部分城市木材平衡含水率　　　　　　　　　　　　　表2-3

城市	月份												
	1	2	3	4	5	6	7	8	9	10	11	12	年平均
北京	10.3	10.7	10.6	8.5	9.8	11.1	14.7	15.6	12.8	12.2	12.2	10.8	11.4
康定	12.8	11.5	12.2	13.2	14.2	15.2	16.2	15.9	17.3	18.7	17.9	17.7	16.3
昌都	9.4	8.8	9.1	9.5	9.9	12.2	12.7	13.3	13.4	11.9	9.8	9.8	10.3
拉萨	7.2	7.2	7.6	7.7	7.6	10.2	12.2	12.7	11.9	9.0	7.2	7.8	8.6

2. 木材缺陷质量控制标准

木材缺陷主要包括腐朽、木节、纽纹、虫蛀、裂纹等。根据中华人民共和国文物保护行业相关标准，各类木材材质要求见表2-4至表2-12。

柱类构件材质要求　　　　　　　　　　　　　　　表2-4

缺陷名称	允许限度
腐朽	全材长范围内不允许
木节	活节：数量不限，每个活节最大尺寸不得大于原木周长1/6 死节：直径不大于原木周长的1/5，且每2m长度内不多于2个
纽纹	纽纹斜率不大于12%
虫蛀	表层允许，大于3mm不允许
裂纹	裂纹深度或径裂不大于直径的1/3，轮裂不允许
髓心	允许

第二章　木材、度量方法、木工工具

梁类构件材质要求   表 2-5

缺陷名称	允许限度
腐朽	全材长范围内不允许
木节	活节：在构件任何一面，任何150mm长度上所有木节尺寸的总和不大于所在面宽1/4；每个木节的最大尺寸不得大于所测部位周长的1/16 死节：不能出现在受拉、受剪位置，直径不大于20mm，且每2m长度内不多于1个
纽纹	纽纹斜率不大于4%
虫蛀	不允许
裂纹	连接部位、受剪面不允许；径裂不大于所在面宽的1/4，轮裂不允许
髓心	不允许

桁（檩）类构件材质要求   表 2-6

木材缺陷	允许限度
腐朽	全材长范围内不允许
木节	活节：任何150mm长度上所有活节尺寸的总和不大于所在圆周长的1/4，每个木节的最大尺寸不得大于所测部位周长的1/16 死节：不允许
纽纹	纽纹斜率不大于4%
虫蛀	不允许
裂纹	连接部位、受剪面不允许；其他部位径裂不大于所在桁（檩）1/4，轮裂不允许
髓心	应避开受剪面

枋类构件材质要求   表 2-7

木材缺陷	允许限度
腐朽	全材长范围内不允许
木节	活节：在构件任何一面，任何150mm长度上所有木节尺寸的总和不大于所在面宽1/3；每个木节的最大尺寸不得大于所测部位周长的1/12 死节：不能出现在受拉、受剪位置，直径不大于20mm，且每2m长度内不多于1个
纽纹	纽纹斜率不大于4%
虫蛀	不允许
裂纹	连接部位不允许，其他部位径裂不大于所在面宽的1/3，轮裂不允许
髓心	应避开受剪面

椽类构件材质要求   表 2-8

木材缺陷	允许限度
腐朽	全材长范围内不允许
木节	活节，任何150mm长度上所有活节尺寸的总和不大于构建圆周长的1/3；每个木节的最大尺寸不得大于所测部位周长的1/12 死节：不允许
纽纹	纽纹斜率不大于5%
虫蛀	不允许
裂纹	径裂不得超过椽径的1/4，轮裂不允许
髓心	不允许

板类构件材质要求　　　　　　　　　　　　　　　　　　　　　　　表 2-9

木材缺陷	允许限度
腐朽	全材长范围内不允许
木节	活节，活节尺寸的总和不大于板宽的2/5 死节：不允许
纽纹	纽纹斜率不大于8%
虫蛀	不允许
裂纹	径裂不得超过椽径的1/4，轮裂不允许
髓心	不允许

斗栱类构件材质要求　　　　　　　　　　　　　　　　　　　　　　表 2-10

名称	允许限度					
	腐朽	木节	纽纹	虫蛀	裂纹	髓心
大斗	不允许	活节：构件任何一面允许数量1个，直径不大于10mm；死节不允许	纽纹斜率4%以内	不允许	不允许	不允许
翘、昂、耍头、撑头木	不允许	活节：构件任何一面允许数量1个，直径不大于5mm；死节不允许	纽纹斜率3%以内	不允许	不允许	不允许
栱	不允许	活节：构件任何一面允许数量1个，直径不大于5mm；死节不允许	纽纹斜率3%以内	不允许	不允许	不允许

内檐木装修材质要求　　　　　　　　　　　　　　　　　　　　　　表 2-11

装修名称	允许限度					
	腐朽	木节	纽纹	虫蛀	裂纹	髓心
槛框、踏板、木楼梯	不允许	活节：构件任何150mm长度内木材尺寸总和不大于材宽的1/3，最大尺寸不应大于10mm，每米不超过2个	纽纹斜率10%以内	不允许	深度或长度不大于材厚或材长1/5	允许不露在表面的髓心
门窗、外框、隔扇边抹	不允许	活节：构件任何150mm长度内木材尺寸总和不大于材宽的1/4，最大尺寸不应大于10mm，每米不超过2个	纽纹斜率6%以内	不允许	深度或长度不大于材厚或材长1/6	允许不露在表面的髓心
仔屉、棂条	不允许	活节：构件任何150mm长度内木材尺寸总和不大于材宽的1/4，最大尺寸不应大于5mm，每米不超过1个 死节：不允许	纽纹斜率2%以内	不允许	不允许	不允许
裙板、绦环板	不允许	活节：构件任何150mm长度内木材尺寸总和不大于10mm，最大尺寸不应大于10mm，每平方米不超过2个	纽纹斜率15%以内	不允许	不允许	不允许

装修名称	允许限度					
	腐朽	木节	纽纹	虫蛀	裂纹	髓心
槛框、踏板、木楼梯	不允许	构件任何150mm长度内木材尺寸总和不大于材宽的1/2，最大尺寸不应大于20mm，每米不超过4个	纽纹斜率15%以内	不允许	深度或长度不大于材厚或材长1/3	允许不露在表面的髓心
门窗、外框、隔扇边抹	不允许	构件任何150mm长度内木材尺寸总和不大于材宽的1/3，最大尺寸不应大于15mm，每米不超过2个	纽纹斜率10%以内	不允许	深度或长度不大于材厚或材长1/4	允许不露在·表面的髓心
仔屉、棂条	不允许	活节：构件任何150mm长度内木材尺寸总和不大于材宽的1/4，最大尺寸不应大于5mm，每米不超过2个 死节：不允许	纽纹斜率4%以内	不允许	不允许	不允许
裙板、绦环板	不允许	活节：构件任何150mm长度内木材尺寸总和不大于20mm，最大尺寸不应大于20mm，每平方米不超过5个	不限	不允许	不允许	不允许

（三）木材的防护

木构件在使用过程中，如果经常遭受雨水的侵蚀或长期处于潮湿环境，会因为木材吸湿水分而出现腐蚀、开裂、生虫等现象，久而久之，木构件会丧失承载能力而影响正常使用。另外，木材属易燃材料，当房屋发生火灾时，木构件最容易着火，如果结构木构件着火，必定会造成严重的后果。因此，为了防止出现此类现象，木材在进场后先要进行防腐、防虫以及防火处理，具体方法如下：

1.木材的防腐、防虫处理

木材的防腐、防虫工作可以同时进行，也可以单独处理，具体方案根据工程所在地的气候环境条件和虫害情况来制定。常见木材防腐、防虫处理方法有以下3种：

（1）合理保管木材，加速木材干燥，保持通风；

（2）封闭储存方法，采用油漆类防腐剂涂刷封闭或直接浸泡在水中；

（3）用化学药剂进行防腐处理（当使用化学药剂处理时，所用药剂不能危及人、畜安全和污染环境）。

以西藏地方为例，常用季氨铜（简称ACQ），对各类木构件进行防腐、防虫处理。具体方法如表2-13。

不同木构件的防腐防虫处理　　　表2-13

木构件	处理方法	工艺	施药量 m²
椽子木	浸泡或喷涂	2～3小时涂刷3遍	2～2.5kg
梁、柱	浸泡或喷涂	涂刷3遍	2～2.5kg
栈棍	浸泡或喷涂	2～3小时	2～2.5kg

木构件	处理方法	工艺	施药量m²
望板	浸泡或喷涂	2～3小时涂刷3遍	2～2.5kg
长弓木	浸泡或喷涂	2～3小时涂刷3遍	2～2.5kg
短弓木	浸泡或喷涂	2～3小时涂刷3遍	2～2.5kg
地板	浸泡或喷涂	2～3小时涂刷3遍	2～2.5kg
其他	浸泡或喷涂	2～3小时涂刷3遍	2～2.5kg

2.木材的防火处理

木材防火处理常见方法有阻燃药物浸喷和涂刷防火涂料两种。但是，传统藏式建筑所有木构件饰面一般都要做彩画装饰，而上述两种方法对饰面彩画的绘制工作带来不便，因此，目前没有成熟的处理方法，更多的是需要靠木材本身的防火能力。

第二节　度量方法

建筑业作为一门古老的行业和严谨的作业，它是在可行的技术条件支撑下，按照房间大小、数量、高度等功能和艺术需求，通过精心设计，再根据设计内容，实施各项工作的过程。在此环节中，明确房间的数量、布局、大小，以及清晰准确的构件尺寸是保证设计内容完整实施的主要依据和前提。如若想要清楚这些内容，必定需要有一个相对统一的度量体系。

藏式建筑的度量方法与藏族民间使用的度量方法，均来自于生活，并且广泛应用于日常生活和各类制造业。单从文献资料分析，建筑业的度量方法可能在很早时期已得到普及。如《古代象雄与吐蕃史》记载"黑白色康扎塞"（གསས་ཁང་དཀར་ནག་བྱ་གསས།）修建时，由象雄国王"宫孜"放线（设计），色康外围采用男性五百距……柱子、弓木采用一肘……斗的大小为一拃……；另外从地相学的各类文献资料来分析，使用于建筑业和规划用的度量尺度单位有：一箭距（མདའ་རྒྱང་གང་།）、一绳距（འབེན་ཐག་གང་།）、抛石头距（རྡོ་རྒྱག་གང་།）、一庹（འདོམ་གང་།）、一拃（མཐོ་གང་།）、一手（ལག་པ་གང་།）、一拇指（མཛེ་བོང་གང་།）等十几种。当然，这些度量方法不仅仅适用于建筑业和规划行业，也普遍使用于藏族民间日常生活。

一、长宽尺度度量方法

木工需要完成的是各类木构件的加工和制作工作，而木构件的特点是，尺寸虽然有大有小，但是总体而言普遍较小，因此，度量需要的是长、短结合，更需精细度量。

常用的长、宽、高度量方法是以成年人各部位的肢体伸长、缩进时，形成的长、宽大小作为主要依据，形成相对统一的度量单位，但不同的人度量时会出现细微差异。这种度量方法不仅使用于木工作业，还使用于传统的服装制造业、泥塑雕像、铁质铜器的制作等各类"工巧明"领域和日常生活中。

常用木工度量单位有：一庹、雄托、窘托、一肘、伸肘长、一吉等。

一庹（འདོམ་གང་）：是成年人两手伸展后的长度，一庹长约为170cm；

雄托（གཏང་གྲོ་）：即一拃宽。是成年人拇指和食指伸展的平均宽度，雄托约为18cm（图2-5a）；

窘托（ཆུ་ཚོ་）（ས་གང་དང་ཆེག）：即一拃加一拇指宽。按照成年人的平均宽度，窘托约为23cm（图2-5b）；

一肘（ཁྲུ་གང་）：即握拳时的一肘长度。按照成年人的平均长度，一肘约为35cm（图2-5d）；

伸肘长（འཇུས་ཁྲུ་གང་）：即手指伸直时的一肘长度。按照成年人的平均长度，伸肘长约为45cm（图2-5e）；

一吉（མཆིག་གང་）：即一拳头宽度，按照成年人的平均宽度，一吉约等于7～8cm（图2-5c）。

除上述几种方法之外，木工在度量时为了更加精确尺寸、降低度量误差，用自己的肢体量出雄托、窘托、一肘、伸肘长、一吉等，并标记于木板上，制作相对标准的"尺子"进行度量，这种度量方法精确度高，而且可以提高工作效率。

传统藏式建筑木作营造技术

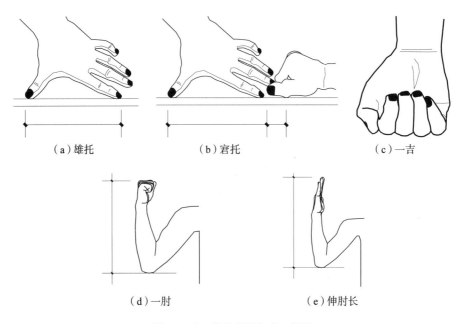

（a）雄托 （b）窘托 （c）一吉

（d）一肘 （e）伸肘长

图2-5　木工常用度量方法示意图

■ 二、房屋大小及面积度量方法

传统藏式建筑营造特点是以石头、土坯砖等材料砌筑内、外墙体来围合竖向空间。然后，通过梁、柱、椽等构件来支撑楼、屋面，形成封闭完整空间。因此，除极小的房间外，室内一般都会出现柱子，室内空间大小的不同，柱子数量也不同。柱子的数量从零到百不等，最多可达上百根。如哲蚌寺措勤大殿有183根柱子、甘丹寺措勤大殿有108根柱子。鉴于这种特点，藏式建筑各类房间命名方法有如下两种：

1.当室内柱子数量不多时（一般在4根柱子之内），房间名称可以根据使用功能来命名，也可以根据柱子数量来命名，如：

①半柱间（ཕྱེད་གང་མ།）即室内没有柱子的房间（图2-6①）

②一柱间（ཀ་གཅིག）即室内有1根柱子的房间（图2-6②）

③两柱间（ཀ་གཉིས།）即室内有2根柱子的房间（图2-6④）

④四柱间（ཀ་བཞི།）即室内有4根柱子的房间（图2-6⑤）

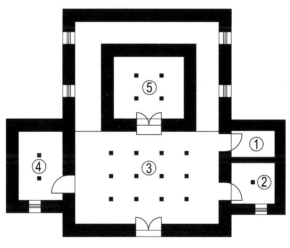

图2-6 房屋大小示意图

2.当室内柱子数量较多（超过4根柱子）时（图2-6中③），一般不会按照柱子数量来命名，而是根据房间使用功能来命名。

另外，房屋大小的形容以及室内面积的计算方法也是通过柱子数量来确定的，因为不管是大型建筑还是小型的民居建筑，虽然木料用料有别，柱距跨度存在差异，但是我们可以通过不同建筑类型常规材料规格，估算房间的大概面积。举例如下：

（1）一柱间房屋室内面积计算：民居建筑一般梁的跨度为2.4～2.7m。因此，一柱间房屋室内面积约为23.04m²～29.16m²；寺庙类建筑梁一般跨度为

2.7～3.3m。因此，一柱间房屋室内面积约为29.16m²～43.56m²。

（2）四柱间房屋室内面积计算：民居建筑一般梁的跨度为2.4～2.7m。因此，四柱间房屋室内面积约为51.8m²～65.61m²；寺庙类建筑梁一般跨度为2.7～3.3m。因此，四柱间房屋室内面积约为65.61m²～98.01m²。

第三节　木工工具

常言道"三分手艺，七分工具"，良好的加工工具能够促进手工工作的效率和质量，木工作为技术要求较高的专业工种，更是如此。

常见木工工具包括画线工具、砍削工具、刨削工具、锯割工具、钻孔工具以及其他手工工具等类型。

▓ 一、画线工具

木工要把木材加工成一定规格、一定形制的构件，第一道工序便是画线，画线工具常用的有直尺、直角尺、斜角尺、墨斗等。

1.直尺：常见直尺根据材料的不同有木质和钢质两种。钢质直尺采用不锈钢制作，刻度精确，但料薄易弯曲，一般作业时与工作面平行放置画线。木直尺采用不宜变形的硬木制作，料厚但画线误差比钢尺大，既可用来绘制直线，也可以用来校验工作面的平直度。

2.直角尺：（藏语名ཚད་དཀར།），直角尺由尺梢和尺座成90°组装的工具，是木工工作中使用最多的重要工具。其作用一般有：①工作面上绘制垂直线和平行线；②检查工作面是否平直；③检查方木是否成直角等（图2-7a）。

3.斜角尺：（藏语名ཟུར་ཚད།），斜角尺同样由尺梢和尺座组装而成，角度为45°，常用于绘制门、窗、家具等小木作加工和制作时各类有角度的线（图2-7b）。

4.墨斗：（藏语名སྐུད་ཚོན།），墨斗无刻度，通常用来画直线。与直尺、直角尺不同，墨斗可以一次性完成较长线条的绘制（图2-7c）。

5.丈杆：（藏语名ཐིག་ཤིང་།），在没有现代工具之前，木工用木条自制的刻度、画线工具。常用丈杆总长度一般为3m左右，每隔1寸（约25cm）距离标识有刻度（图2-7d）。

传统藏式建筑木作营造技术

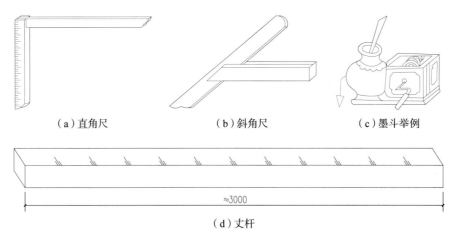

（a）直角尺　　　　　（b）斜角尺　　　　　（c）墨斗举例

≈3000

（d）丈杆

图2-7　画线工具举例

■ 二、砍削工具

砍削工具主要用于砍劈削量大的木材，为刨削工作提供方便。常见砍削工具有大锛和斧头两种。

1. 大锛：（藏语名ཚོ་ལ།），斧柄呈直线，用于砍劈尺寸较大的木材（图2-8a）。

2. 斧头：（藏语名སྟ།），是木工常用的斧子。斧柄较短，抓手处呈弯曲状。短斧是用于砍劈尺寸较小的木材（图2-8b）。

（a）大锛　　　　　　　　　　　　　　　（b）短斧

图2-8　常用斧子

■ 三、刨削工具

刨削是平整木料表面的工作，是一种最基本的木工技术，也是具有一定技术水平的工作。刨削工具主要的是刨子。刨子按照功能和形状的不同，常见的有普通平刨和各类特殊刨两大类。

（一）平刨

平刨按照刨削量大小的不同，分为有粗刨、细刨、光刨三种。粗刨使用于快速刨削大量木料的工作，特点是刨削量大，但是木料表面光洁度差。细刨相对于粗刨，刨削量小，但是表面平直度较高。光刨刨削量最小，但是木料表面平直度和光洁度最高（图2-9a）。

(二)特殊刨

特殊刨主要有平槽刨、靠尺刨、凹刨、凸刨、边刨、铲刨等。特殊刨主要用于刨削门、窗等小木作构件的加工。

1.平槽刨:(藏语名ཆུར་ཤིང།),刨底平直,常用于刨削门、窗等构件制作时,高低平槽及合角接合处的刨削(图2-9b)。

2.靠尺刨:(藏语名འབུར་ཤིང།),刨底呈凸字形,刨身穿插靠尺。靠尺刨因刨身固定有靠尺,所以刨削角度平直,常用于刨削门、窗等各类构件(图2-9c)。

3.凹刨:(藏语名ཆུར།),刨底呈弧形,略向外凸出,适用于刨削凹圆形槽。常见凹刨依据刨身宽度的不同有两种类型(图2-9d、图2-9e)。

4.凹槽刨:(藏语名ཆུར་ཤིང།),刨底呈凸字形,凸出部分呈圆弧形,适用于刨削深度较深的凹圆形槽(图2-9f)。

5.凸刨:(藏语名འབུར་དགྱིས།),刨底呈凹字形,适用于刨削各种凸形的槽(图2-9g)。

6.边刨:(藏语名ཟུར་ཁྲུས།),刨底呈L状,适用于刨削铲口、拼缝和合角接合等(图2-9h)。

7.铲刨:(藏语名ཟུར་ཁྲུས།),刨底呈阶梯状,刨身比边刨短,作用同边刨(图2-9i)。

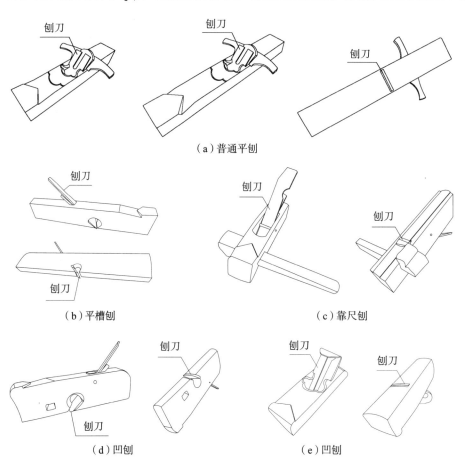

(a)普通平刨

(b)平槽刨　　　　　　　　　(c)靠尺刨

(d)凹刨　　　　　　　　　(e)凹刨

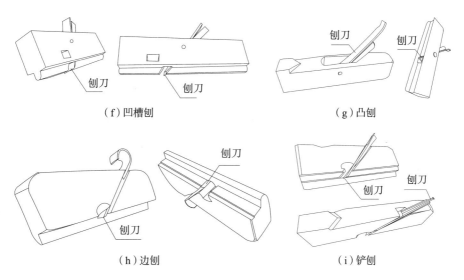

（f）凹槽刨　　　　　　　　　　　　（g）凸刨

（h）边刨　　　　　　　　　　　　（i）铲刨

图2-9　各类手工刨

■ 四、锯割工具

锯割工具包括木框锯和特殊锯两大类。

（一）木框锯

木框锯（藏语名 སོག་ལེ།），是木工最常用的锯割工具。根据锯条的大小和锯齿粗细分为粗、中、细三种类型。锯条的锯齿越粗锯削量越大，锯口越大，加工的木料表面越粗糙。反之锯齿越细，锯削量越小，锯口越小，加工的木料表面越光洁（图2-10a）。

（二）特殊锯

特殊锯主要包括钢丝锯和手据两种。

1.钢丝锯:（藏语名ལྕགས་སྐུད་སོག）,钢丝锯呈弧形，锯条由钢丝制作，适用于锯割带有曲线构件的加工（图2-10b）。

2.手锯:（藏语名ལག་སོག）,锯条由钢板制作，锯齿一般较细，适用于木料接合处的加工（图2-10c）。

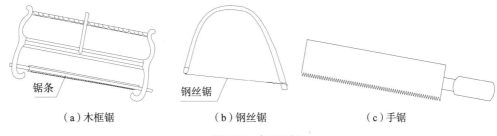

（a）木框锯　　　　　　　　　　（b）钢丝锯　　　　　　　　　　（c）手锯

图2-10　木工用锯

五、凿孔工具

常见凿孔工具按照凿刀刀口形制的不同，有斜凿和錾子两种类型。

1.斜凿：(藏语名ལྐག་གཅོད།)，主要用于如弓木曲线的开槽(图2-11a)。

2.錾子：(藏语名གཟོང་།)，主要用于挖孔、打眼(图2-11b)。

(a)斜凿   (b)錾子

图2-11 凿孔工具

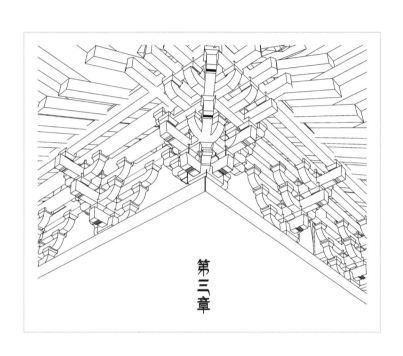

第三章

传统藏式建筑木作构造
方法及构造技术

传统藏式建筑按照结构类别的不同，有石木混合结构、土木混合结构以及纯木结构三种类型。但是纵观整个藏式建筑，石木或土木混合的结构形式依然是藏式建筑最主要的结构形式，而纯木结构的建筑只有在局部地方才有出现。因此，在通常情况下，如果要完成一栋藏式建筑的营造，必须要通过木作、石作、泥作以及铁质铜器等多种作业的共同协作才能得以完成。但无论选择何种结构形式的藏式建筑，木构件总是其不可或缺的构件。因此木作是建造工种中最主要的一个。我们在日常生活中所能见到的金碧辉煌的宫殿建筑、殿堂建筑以及灵活多样的民居建筑，都少不了木作的参与。尤其在建筑装饰装修和建筑结构构件的制作等工作中更是起到"无木作、无装饰、无楼屋盖"的重要作用。但是由于藏式建筑类别多样，分布范围广泛，其构造的具体方法受到建筑类别、建筑形制、建筑技术以及当地自然环境、人文环境等多种因素的影响。在这种综合因素的影响下，表现出来的建筑形式按照建筑屋盖类别的不同，常见的有平顶建筑、平顶上的坡顶建筑、坡顶建筑和其他建筑四大类型。了解好这四类建筑的木作构造方法和构造技术，有利于更好地掌握了解藏式建筑，并服务于仿古（仿传统）建筑的设计以及古建筑修缮等工作。本章以平顶建筑和平顶上的坡顶建筑为主，对藏式建筑木作构造方法进行介绍。

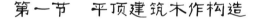

第一节　平顶建筑木作构造

一、平顶建筑定义、特征及构造类别

（一）平顶建筑定义、特征

室内或墙内布置柱网，柱上施水平方向的梁、椽、望板构件，使主体承重屋面搭建成平顶的建筑类型被称之为平顶建筑。平顶建筑是传统藏式建筑形式中出现最早、应用范围最广的，广泛应用于宫殿建筑、宗教建筑、园林建筑、宗堡建筑、庄园建筑、民居建筑等，涵盖了所有藏式建筑类型，是最主要的藏式建筑构造方法。

平顶建筑的优点是构造简单，施工方便，室内可以创造完整的空间，而且可以根据功能布局、采光、通风、艺术造型等需求灵活处理构造方法。缺点是屋面雨水

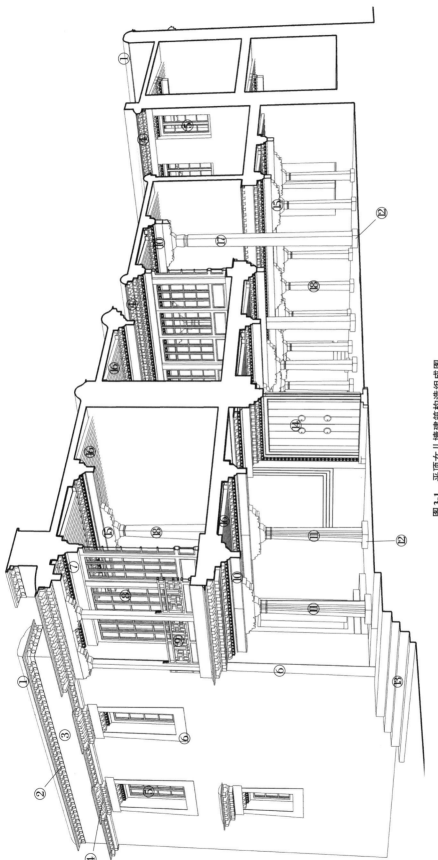

图 3-1　平顶女儿墙建筑构造组成图

① 墙帽 ② 檐饰 ③ 女儿墙（边玛草墙）④ 窗帽（帽檐）⑤ 窗户 ⑥ 黑边 ⑦ 过梁 ⑧ 窗楣 ⑨ 栏杆 ⑩ 木梁 ⑪ 门厅柱子 ⑫ 柱础 ⑬ 台阶 ⑭ 大门
⑮ 弓木 ⑯ 椽子木 ⑰ 通高柱 ⑱ 柱子

① ཀ་གྲི། ② ཕྱི་སྒོ། ③ བདག་གཅན་དང་པདྨ་སྤེལ་རྩི། ④ ཞོགས་ཤིང་། ⑤ སྒེའུ་ཁུང་། ⑥ མ་ཐིག་ནག་པོ། ⑦ སྒོ་གཡབ། ⑧ སྒེའུ་ཁུང་། ⑨ དྲ་མིག ⑩ ཀ་འདེགས། ⑪ གཞལ་ཡས་ཁང་གི (ཁྱབ་བརྡལ་ཅན་གྱི་ཀ་བ།) ⑫ ཀ་གདན། ⑬ ཐེམ་སྐས། ⑭ སྒོ། ⑮ ཁྱབ་བརྡལ་ཅན་གྱི (ཁྱབ་བརྡལ་ཅན་གྱི་ཀ་བ།) ⑯ ཕྱམ། ⑰ ཀ་བ། ⑱ ཀ་བ།

的排水速度慢，在暴雨、暴雪等天气时屋面容易积水、渗水，导致屋面木构件腐蚀、墙面破损等现象。因此，在年降雨量大的喜马拉雅山一带地区不适合修建平顶建筑。

（二）平顶建筑构造类别

平顶建筑虽然主体承重屋面为平顶，但是有时为了造型需求，有时为了功能需求，有时因为建筑性质的不同，又或是因为地域营造的差异，导致梁架构件的局部构造方法上有细微的差别。根据差别，将平顶建筑分为：平顶女儿墙建筑和平顶挑檐（擎檐柱）建筑两大类型。

■ 二、平顶女儿墙建筑木作构造

屋面面层呈基本水平，屋面外围临空处，为了满足安全防护和建筑艺术需求，修建一条高出屋面的墙体（边玛草墙或普通墙体），这种建筑称之为平顶女儿墙建筑（图3-1）。平顶女儿墙建筑常见于宫殿、寺庙以及卫、藏、阿里等地的民居建筑。常见做法是由石或土构筑墙体等竖向构件；楼、屋面等横向空间分隔构件是由梁架木构件搭建基层，在其上部夯筑阿嘎土等材料而形成。

平顶女儿墙建筑修建时，木工需要完成的主要工作是梁架木构件的制作和安装以及木装饰装修工作。

（一）平顶女儿墙建筑梁架构造

以典型梁架构造组合方法为例，平顶女儿墙建筑梁架是由梁、柱、椽子木为主的大木构件以及短椽、边玛、曲扎、栈棍（望板）、卡板等配套构件组合而成，是支撑建筑楼、屋面，营造建筑室内空间的主要构件组（图3-2）。

平顶女儿墙建筑梁架构造方法比较简单，只需掌握柱网的设计和木梁、椽子木的布置方法即可。具体方法如下：

1.柱网设计需要注意如下几点：（1）在纵、横水平方向，需要结合室内空间大小和木梁成材长度来确定柱间距。一般，柱网布置要横平竖直，柱间距要控制在合理范围之内。以拉萨地方为例，由于木梁长度受限，柱间距一般控制在2.4m～3.0m之间。普通木柱高度约1.7m～3.4m。（2）上下楼层之间，柱网尽可能地上下对齐。或者说上一层的柱子必须与下一层的柱子或墙体对齐，以便能良好地传递荷载。当条件确实不允许而出现个别柱子上下不对齐现象时，可以在下一层楼面的梁架中增加专门用于支撑上一层柱子的"支撑梁"等方法来解决承载问题。（3）在同一组柱网或同一个房间内的所有柱子高度都是相同的，柱顶标高也需相同，但

传统藏式建筑木作营造技术

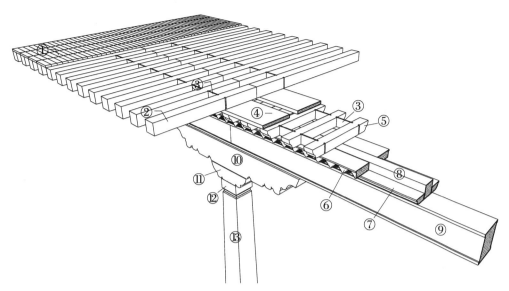

图3-2　平顶建筑典型梁架构造组成示意图

① 普通丁支木（栈棍、望板）② 椽子木 ③ 卡板 ④ 卡星垫木（压条木）⑤ 猴面短椽 ⑥ 曲扎木条
⑦ 边玛木条 ⑧ 硬木垫板 ⑨ 木梁 ⑩ 长弓木 ⑪ 短弓木（托木）⑫ 柱斗 ⑬ 柱身

① ཉེ་སྐྱོག（ཁྲ་མ/ལྕོག་ཟེ） ② ཕུ། ③ བཀག་པ། ④ བ་ལེ། ⑤ བབ་སྐྱག་གཟུགས། ⑥ ཚོན་བཞག་གས། ⑦ པད་མ། ⑧ མཉེན་ལྕིག ⑨ གདུང་།
⑩ གཞུའི། ⑪ འཕེབ（གུལ་ཆུང） ⑫ ཀ་མགོ། ⑬ ཀ་གཟུགས།

是当因屋面安装采光天窗或其他构件而需要局部抬高屋面时，抬高处可以更换成
更高的柱子，这种柱子称之为"通高柱"，通高柱的高度可达8m左右。（4）木柱顶
部通过暗销来固定弓木。弓木按照长度的不同，分为短弓木和长弓木两种。短弓木
安装在柱顶，短弓木上部同样通过暗销来固定长弓木。弓木的作用是将柱顶承受荷
载的面积逐步加大，使木梁传递的荷载均匀地传递至柱顶，避免因应力集中而导致
柱顶开裂的现象发生。同时，在长度方向，弓木加强了梁下部的支撑，有效地避免
了梁件弯曲的现象。另外，长、短弓木在传统藏式建筑中的装饰功能也是非常重要
的，除构件自身的外观形制外，饰面通常要做彩画、雕刻等装饰。制作时，各层木
作宽度方向上的尺寸要层层缩小，以便更好地固定上部构件。即截面尺寸最大为木
柱，最小为木梁。

　　2.木梁的作用是同木柱一起搭建主要的梁架框架，并起到承载和传载的作
用。木梁截面形状有圆形和矩形两种。其中，矩形为常见截面。木梁高度一般为
220～240mm之间，宽度为180～210mm不等，制作时要求木梁高度方向尺寸要
略大于宽度方向尺寸，这样有利于更好地承受荷载。木梁布置时，要沿着柱网方
向，纵向、横向或者斜向排列布置，并与弓木长度方向平行。当室内空间较大时，
会出现相对复杂的交叉梁的布置形式（图3-3），此时，不同位置梁的命名方法是：
（1）梁架两端的端部梁在整组梁架中相当于人的肩膀，起到与墙体连接、固定的作
用，因此取名为"臂梁"（藏语名 དཔུང་གདན），端部梁在墙体内的伸入长度一般不小于
200mm；（2）当遇到三个方向的木梁呈"T"字形布置时，沿主梁方向垂直的木梁称

之为搭接梁（藏语名ས་གདུང་།）；（3）当4个方向的木梁呈"十"字形交叉布置时，一般按普通梁或"臂梁"来命名，没有特殊名称。

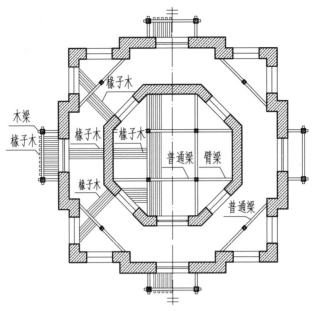

（a）梁架布置举例一

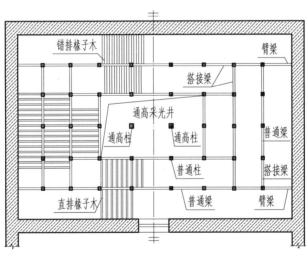

（b）梁架布置举例二

图3-3　梁架平面布置图

3.椽子木是夯筑楼、屋面的基础，常见截面形状有矩形和圆形两种。圆形椽子木一般只用于底层或次要的房间，常见规格为 $\phi 70 \sim \phi 150mm$ 不等；矩形椽子木普遍应用于各类房间，常见规格为 $100(150)mm \times 120(170)mm$ 不等。

椽子木布置时要与木梁方向垂直，常见的布置方法有"直排式"和"错排式"两种类型（图3-3b）。直排式是垂直于木梁方向，将木梁两侧的椽子木布置在一条直线上的布置方法。这种方法能够创造较整洁的室内空间，而且在椽子木之间的空隙内可以铺设彩画望板或"丁支木"等装饰构件，可以创造良好的顶棚装饰。但当椽子木下部有边玛、曲扎等装饰构件时，由于受到两侧椽子木比较集中的荷载，为了避免两侧边玛、曲扎因应力集中而出现歪闪、开裂现象，一般在边玛、曲扎中间的空缺位置需要填充硬木垫板（图3-1，图3-2）。错排式即木梁两侧的椽子木错开布置（图3-3b），这种布置方法因为木梁上部平均分布椽子木，所以在木梁各段的受力比较均匀。当梁架中如有图3-7，图3-8所示的短椽类装饰构件时，为了能够合理受力，椽子木不得布置为错排式。

（二）常见梁架构件组合形式及组合规律

梁架构件作为传统藏式建筑主要的结构木构件，它要满足结构承载的要求，同时作为室内外的外露构件，需要满足装饰的要求。因此，在传统的藏式建筑中，梁架构件的组合方法，很大程度上也能体现建筑本身的"豪华"程度。掌握好梁架的组合方法也是藏式建筑木作必备的基础知识。

常见梁架构件的组合形式按照装饰构件的繁简程度，主要有4种类型。在个别古建筑梁架中，有一种安装雕刻动物的装饰方法，但是此类装饰方法只有在少量古建筑中才有使用，并且因为构件本身的制作和雕刻难度大，所以没有得到大面积的普及。本书现介绍几种常见梁架组合方法。

1.无装饰构件的组合方法：是最简单的梁架组合形式。方法是在木梁上部，沿着木梁垂直方向安装椽子木，椽子上部铺设树枝栈棍，栈棍上部夯筑楼、屋面即可。当外廊檐口等位置，需要做挡水处理时，椽子木上部通常需要增加一层向上起翘的短椽以便制作檐帽，这种起翘的短椽称之为"楣截"སྐྱག་བཅད"。楣截截面通常为矩形或方形，也有在端部位置，从内向外收分的梯形状；截面尺寸与椽子木基本相同或略大；安装时，要与椽子木上下对齐，同时，楣截与椽子木之间需要垫一层厚度为30～40mm左右的垫木，藏语名为"卡星"。另外，为了美观或搭接要求，外廊檐口处的椽子木和楣截短椽要层层往外出挑，出挑深度为：木梁至椽子木端头一般为100～200mm左右；楣截端头至椽头一般为150～280mm。

无装饰构件的梁架组合方法适用于建筑底层或者简易外廊以及次要的房间，椽子木可以是圆椽，也可以是方椽；椽子木的布置方法可以是直排式也可以是错排式。另外，在通常情况下，这种组合所配套的弓木构件相对比较简单（图3-4）。

2.有边玛、曲扎装饰构件的梁架组合方法：这种组合方法既能够满足普通装饰要求，同时，增加的边玛和曲扎木条还能够适当抬高室内净高，适用于一般建筑。构造方法是在木梁上部，沿着木梁长度方向，两侧安装长条边玛木条，高度一般为60～80mm；在边玛上部两侧，安装曲扎装饰木条，高度基本同边玛木条；然后，沿着边玛和曲扎垂直方向，安装椽子木（椽子木一般为方椽）并铺设栈棍、望板形成楼、屋面（图3-5a，图3-5b）。

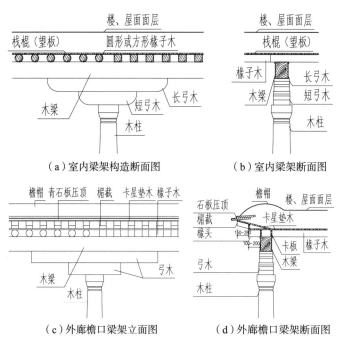

（a）室内梁架构造断面图　　　　　　　　（b）室内梁架断面图

（c）外廊檐口梁架立面图　　　　　　　　（d）外廊檐口梁架断面图

图3-4　无装饰构件的梁架构造图

椽子木安装方法同前面所述。

外廊檐口处，同无装饰构件的外廊做法，需要在椽子木上部增加楣截短椽，以便制作檐帽（图3-5c，图3-5d）。

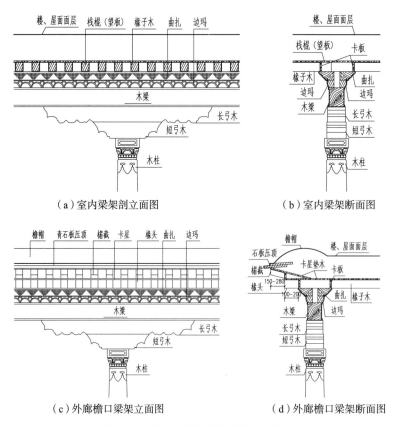

（a）室内梁架剖立面图　　　　　　　　（b）室内梁架断面图

（c）外廊檐口梁架立面图　　　　　　　　（d）外廊檐口梁架断面图

图3-5　有边玛、曲扎装饰的梁架构造图

3.有短椽、边玛、曲扎等装饰构件的梁架组合方法：这种方法在平顶梁架结构中属于较为复杂的梁架构造类型。构造方法基本同上述两种方法，主要区别在于曲扎木条和椽子木之间多了一层带有曲线的短椽装饰，这种短椽正面因形似猴脸，因此称其为"猴面短椽"（藏语名 སྤྲེལ་གདོང་）。梁架中安装猴面短椽之后能够进一步抬高室内空间，同时，室内装饰显得较豪华，因此广泛应用于普通建筑。需要注意的是猴面短椽安装时要与椽子木上下对齐，短椽端部，与曲扎木条外边缘伸出的距离一般控制在110～170mm之间，并且两侧伸出的距离要保持相同；短椽之间的间隙需要用卡板封堵；短椽与椽子木之间要铺设一层卡星垫木（图3-6a，图3-6b）。外廊檐口处，同前面所讲的外廊做法，需要增加楣截短椽（图3-6c，图3-6d）。

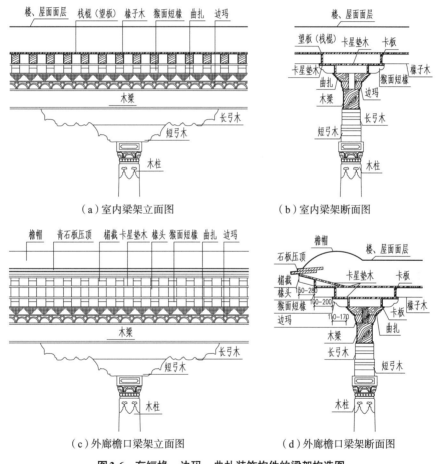

（a）室内梁架立面图　　　　　　　（b）室内梁架断面图

（c）外廊檐口梁架立面图　　　　　（d）外廊檐口梁架断面图

图3-6　有短椽、边玛、曲扎装饰构件的梁架构造图

4.有边玛、曲扎和双层短椽装饰构件的梁架组合方法：这种方法在平顶梁架结构中属于最为复杂的梁架构造类型之一。它是在猴面短椽和曲扎木条之间增加了一层方形短椽装饰（藏语名བང་རྒྱ་འགྲིལ）。这种组合方法形式豪华，因此广泛使用于各类建筑的重要房间。需要注意的是，方形短椽两端出挑距离一般控制在110～170mm。安装时，要与猴面短椽上下对齐，两者之间要安装垫木，短椽之间的缝隙要用卡板封堵（图3-7a，图3-7b）。外廊檐口处，需要增加楣截短椽（图3-7c，图3-7d）。

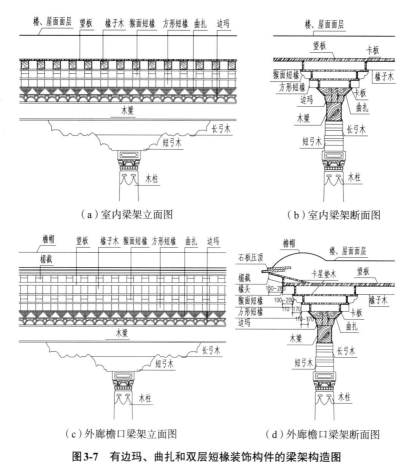

（a）室内梁架立面图   （b）室内梁架断面图

（c）外廊檐口梁架立面图   （d）外廊檐口梁架断面图

图3-7　有边玛、曲扎和双层短椽装饰构件的梁架构造图

5.有动物雕刻装饰方法：图3-8为大昭寺经堂梁架装饰示意图，它是在椽子木与短椽之间安装雄狮俯兽、人面狮身的雕刻构件来进行装饰；图3-9为吉隆县卓玛拉康梁架示意图，同大昭寺梁架装饰一样，在木梁与椽子木之间安装木雕的狮子像。此类方法只有在个别古建筑中才可见，但是在发展过程中普及不广，因此目前很少有这种做法。

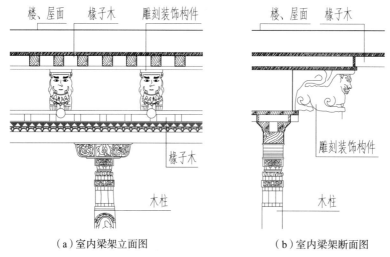

（a）室内梁架立面图   （b）室内梁架断面图

图3-8　大昭寺经堂梁架装饰示意图

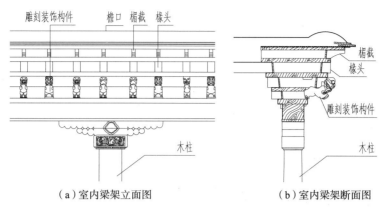

（a）室内梁架立面图　　　　　　　　　（b）室内梁架断面图

图3-9　吉隆县卓玛拉康梁架装饰示意图

（三）平顶建筑梁架构件常用尺寸

　　在传统的藏式建筑中没有严格规定梁架各类构件的权衡尺寸，但是在实际工作中，按照建筑规模也好，建筑性质也好，多少会体现各类构件在不同类别建筑中使用规格的差异。下面以卫藏地区传统建筑为例，列举平顶建筑梁架各类木构件在不同类别建筑中的常用尺寸以供参考（表3-1、表3-2）。

宫殿及寺庙重要建筑梁架构件常用尺寸表　　　　　　　　　表3-1

构件类别	常见截面形制	常见规格（mm）	备注
楣截	矩形	$100(150) \times 180(200)$	宽 × 高
	圆形	$\phi 110 \sim 150$	
椽子木	矩形	$100(150) \times 120(170)$	宽 × 高
	圆形	$\phi 110 \sim 150$	
猴面短椽	方形（矩形）	$100(150) \times 100(170)$	宽 × 高
方形短椽	方形（矩形）	$100(150) \times 100(170)$	宽 × 高
曲扎	方形	$80 \sim 140$	高
边玛	方形	$60 \sim 120$	高
卡星垫木		$30 \sim 50$	厚
长弓木	矩形	$1200 \times 210 \sim 1300 \times 240$	长 × 宽
短弓木	矩形	$1200 \times 210 \sim 1300 \times 240$	长 × 宽

民居类建筑梁架构件常用尺寸表　　　　　　　　　表3-2

构件类别	常见截面形制	常见规格（mm）	备注
楣截	方形	$100(140) \times 160(180)$	宽 × 高
	圆形	$\phi 100 \sim 130$	
椽子木	方形	$100(140) \times 120(160)$	宽 × 高
	圆形	$\phi 110 \sim 150$	
猴面短椽	方形	$100(140) \times 100(160)$	宽 × 高
方形短椽	方形	$100(140) \times 100(160)$	宽 × 高

第三章　传统藏式建筑木作构造方法及构造技术

构件类别	常见截面形制	常见规格（mm）	备注
曲扎	方形	60～80	高
边玛	方形	60～80	高
卡星	木板	30～50	厚
长弓木	方形	1200×210～1300×240	长×宽
短弓木	方形	1200×210～1300×240	长×宽

■ 三、平顶挑檐建筑木作构造

（一）平顶挑檐建筑定义、特征

平顶挑檐建筑屋面面层呈基本水平，屋面外围临空处不同于平顶女儿墙建筑，没有砌筑边玛草墙或女儿墙，而是制作简单的檐口挡水（泛水）。同时，整个屋盖层通过墙体或墙体上部的梁椽构件，悬挑至外墙之外的建筑称之为平顶挑檐建筑（图3-10）。

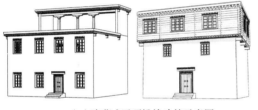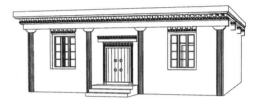

（a）隐藏式平顶挑檐建筑示意图　　　　（b）外露式平顶挑檐建筑示意图

图3-10　平顶挑檐建筑示意图

平顶挑檐类建筑常见于昌都、甘孜、阿坝以及香格里拉等青藏高原东部和南部局部地区的藏式民居建筑和个别寺庙建筑。构造做法同平顶女儿墙相比较，主要区别是①传力体系方面。平顶女儿墙建筑在外墙位置的竖向荷载大多由墙体自身来承担；而平顶挑檐类建筑的墙体大多为夯土墙，部分是石砌墙体。夯土墙为了避免墙顶部因为承受椽子木传来的集中应力而出现开裂、下陷等现象，一般会在墙体内侧或者外侧布置一组柱列（有些地方也有在墙体顶部放置木梁或者在墙体中间布置暗柱的做法），这组柱列同室内柱网一起形成建筑的主要梁架承载构件，与墙体一起承受荷载。这种构造方法极大地削弱了墙体顶部椽子木传来的集中应力，从而有效地延长了夯土墙的使用寿命。②外观形制上：平顶挑檐类建筑通过墙体以及墙体周围的梁柱构件，将椽子木悬挑至外墙外侧，然后在外边缘处，为了减轻悬挑椽子木端部的重量，不会像平顶女儿墙一样砌筑墙体，而是做简单的檐口泛水处理（图3-10），有些地方处理为自由落水屋面，构造方法更为简单。当悬挑构件上部还有楼层时，同样为了减轻悬挑处承受的荷载，用树枝类材料悬挂的方法进行简易封闭。在新建民居建筑中，一般采用木板等轻质材料封闭墙体。

（二）平顶挑檐建筑类别

1. 按照外立面上梁柱的可见性分为：隐藏式平顶挑檐和外露式（擎檐柱）平顶挑檐2种类型（图3-10）；

2. 按照室内木梁布置方法的不同分为：单向布梁（图3-11b，图3-11c）和双向布梁（图3-13a）2种类型；

3. 按照梁柱构件在外墙周围位置的不同分为：外墙内侧设置柱网（图3-11a）、外墙外侧设置柱网（图3-11b）、外墙中间设置梁柱或墙体顶部设置木梁（图3-11c）等3种类型。

（a）外墙内侧设置梁架构造示意图　　（b）外墙外侧设置梁架示意图　　（c）外墙中间设置梁架示意图

图3-11　各类挑檐梁架示意图

（三）外墙中间设置暗柱的挑檐建筑

1. 外墙中间设置暗柱的挑檐建筑特征

外墙中间设置暗柱与墙体顶部设置梁的构造做法基本相同，均属于隐藏式的平顶挑檐类建筑。这类构造的优点是墙体内部布置有隐藏的暗柱，与室内外布置柱子做法相比，可以节约空间；缺点是当墙体内部的柱子出现老化、腐蚀、虫蛀等现象时，维修难度大。并且在施工时，墙、柱需要同时施工，加大了施工难度（图3-12）。

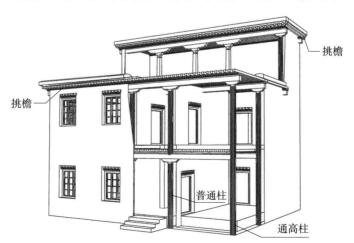

图3-12　外墙中间设置柱网挑檐建筑梁架示意图

以甘孜州巴塘地区的民居建筑为例，房屋大小由柱子的根数来确定，或者说房屋的名称通常由柱子数量来命名。常见的平面布局方法按照柱子数量的不同，有18柱房、20柱房、24柱房等。其布局形式类似模数化的设计方法，可以根据家庭人口的数量、功能的需求选择不同大小的房屋（图3-13）。

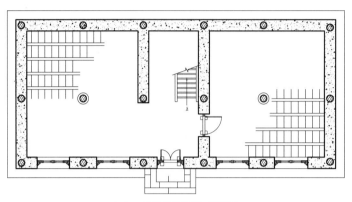

（a）18根柱网平面布局图例

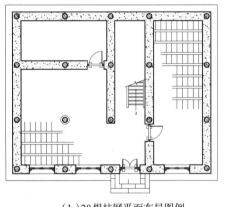

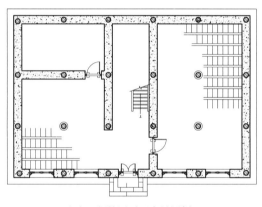

（b）20根柱网平面布局图例　　　　　　（c）24根柱网平面布局图例

图3-13　甘孜州巴塘地区不同柱网平面图例

2.外墙中间设置柱网挑檐建筑构造

外墙中间设置柱网的构造做法同平顶女儿墙的构造做法相似，尤其室内柱网，同平顶女儿墙的梁架构造完全相同。主要区别在于墙体内部的柱网以及挑檐屋盖处，外墙顶部椽子木安装方法的不同，具体构造方法及步骤如下：

①墙体夯筑的同时，结合室内柱网或室内房间布置的要求，在墙体内部固定木柱。柱子的作用是一方面同墙体一起承受上部荷载，另一方面为制作挑檐屋盖奠定基础。柱子截面通常为圆形，直径一般为180～250mm不等。柱子类别按照柱身长度的不同，有普通柱和通高柱两种类型（图3-12）。当柱子为普通柱时，上下楼层的柱网要对齐；当为通高柱时，楼层梁与柱子之间通过榫卯连接；柱子顶部，为了均匀受力，一般需要安装弓木，弓木只要满足受力要求即可，形制上没有特殊要求。

②墙体夯筑和木柱固定工作完成后，与主梁平行方向的墙体上布置木梁，作用是避免椽子木直接安装在夯土墙上时，墙体因应力集中而出现开裂、下陷等现象。木梁与隐藏在墙体内的弓木之间通过暗销连接。木梁的截面可以为方形，也可以为圆形。

在需要制作挑檐的位置，木梁两端要伸出墙体外侧300mm左右（图3-14a）；当为双向布梁时，纵、横向墙体顶部均需要布置木梁，而且在挑檐位置，两个方向的木梁都可以伸出墙体外侧。

③木梁上部安装椽子木，并向外墙外侧出挑350mm左右；悬挑至墙外的木梁上部，同样要放置1～2根椽子木，以便制作悬挑处的屋盖；木梁端部，为了防止与上部的檐口封口构件之间出现空洞现象，要放置垫木，垫木上缘标高同椽子木上缘标高相同（图3-14）。

④最后在椽子木上部铺设望板，同时在屋盖边缘处，安装木板封板构件并夯筑屋面，完成挑檐屋盖的制作（图3-14b）。

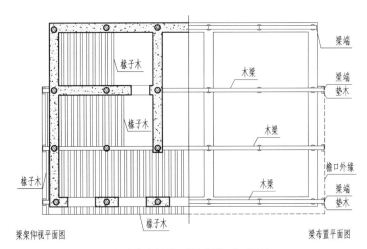

（a）墙体内侧设置柱网梁架平面图例

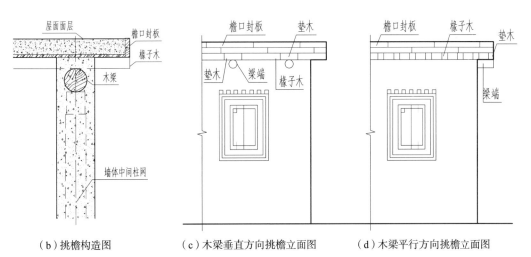

（b）挑檐构造图　　　　（c）木梁垂直方向挑檐立面图　　　　（d）木梁平行方向挑檐立面图

图3-14　墙体内侧设置柱网梁架构造举例

（四）外墙内侧设置柱网挑檐建筑

1.外墙内侧设置柱网挑檐建筑特征

外墙内侧设置柱网是沿着外墙内侧，纵向、横向，或者双向布置柱网的挑檐类型。这类构造的优点是梁架木构件在室内，方便日常保护及维修，同时可以通过木装饰，创造较为豪华的室内空间；缺点是这种布置方法占用一定的室内空间，在某种程度上浪费了房间的使用空间（图3-15）。

以昌都地区芒康县民居建筑为例，房屋平面大多为方形或长方形。平面布置方法按照柱子的数量不同，常见的有36柱房、25柱房、16柱房等（图3-15）。同甘孜巴塘地区的民居建筑有一定的相似之处。

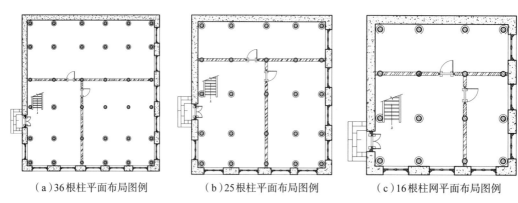

（a）36根柱平面布局图例　　（b）25根柱平面布局图例　　（c）16根柱网平面布局图例

图3-15　昌都芒康地区不同柱网平面图例

2.外墙内侧设置柱网挑檐建筑构造

外墙内侧设置柱网的挑檐建筑一般为双向布梁。单从一根柱子的梁架构造方法来讲，同平顶女儿墙建筑的梁架构造基本相同，主要区别在于整组梁架的组合方法以及挑檐屋盖处的梁架构造。以芒康地区常见做法为例，构造方法如下：

①沿着外墙内侧布置柱网，柱间距一般为2.7～3m，同时沿柱子纵、横双向布置木梁，这组梁架的作用是承担外墙上部椽子木的重量，削弱外墙顶部承担的荷载；在挑檐屋盖处，纵、横双向木梁端部从外墙往外伸出300mm左右；

②木梁上部安装椽子木，椽子木上缘的标高同墙体顶部标高相同；挑檐处，椽子木端部向外悬挑；与椽子木垂直方向，悬挑至外墙外侧的木梁上部同样要放置1～2根椽子木；木梁端部，为了防止与上部屋盖构件之间出现空洞现象，要安装垫木，垫木标高同椽子木标高相同（图3-16）。最后，夯筑屋盖，完成挑檐的制作。

传统藏式建筑木作营造技术

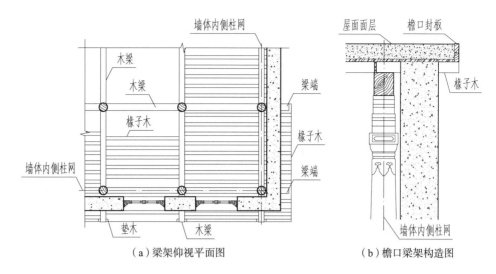

（a）梁架仰视平面图　　　　　　　　　（b）檐口梁架构造图

图3-16　墙体内侧设置柱网构造举例

（五）外墙外侧设置柱网的挑檐建筑

1.外墙外侧设置柱网挑檐建筑特征

外墙外侧设置柱网是沿着外墙外侧，纵向、横向，或者双向布置柱网的挑檐类型。这类构造的优点是梁架木构件在室外，可以有效地节约室内使用空间；缺点是木构件长期裸露在室外，容易出现糟朽、腐蚀等现象。

墙体外侧柱网的布置一般要结合室内梁架或室内墙体的位置来确定，但是也没有严格的布置规律，可以按照"哪里需要，哪里布置"的原则，单向或者双向布置。

2.外墙外侧设置柱网挑檐建筑构造

外墙外侧设置柱网的构造做法同外墙内侧设置柱网的构造做法基本相同。主要的区别是，墙体外侧设置柱网时，梁架构件在室外，因此只要满足承载和稳定的要求，不强调美观，一般以圆木制作梁、柱构件，并简易固定即可（图3-17）。

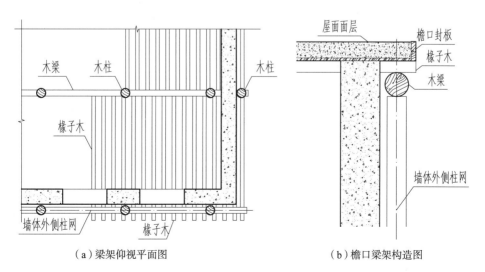

（a）梁架仰视平面图　　　　　　　　　（b）檐口梁架构造图

图3-17　墙体外侧设置柱网构造举例

（六）平顶挑檐建筑檐口梁架木构件组合方法

平顶挑檐建筑檐口处的梁架构造组合方法可简可繁，而且地域不同稍有差别，主要还是装饰构件组合的差异。常见的，最为简单的是将椽子木直接安装在外墙或外墙顶部木梁上部（图3-18左）；次者，椽子木与木梁之间安装绘制有长城符号的木装饰板和边玛木条（图3-18中）；较为复杂的是在椽子木与木梁之间安装装饰木构件的同时，椽子木上部增加一层假椽装饰（图3-18右）。

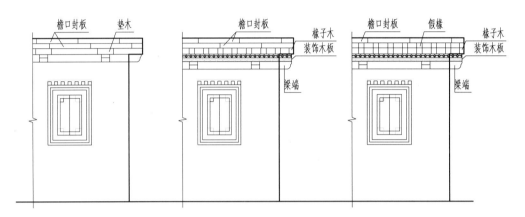

图3-18　平顶挑檐建筑檐口木构件组合举例

第二节　平顶上的坡顶建筑木作构造

以平顶屋盖为结构屋盖，在其上部，按照使用功能或者外观造型的需求，搭建木构屋架并做成不同形状、不同材料的坡屋盖统称为平顶上的坡顶建筑。此类屋盖常见于宫殿、寺庙类建筑以及年降雨量大的地区的民居、寺庙等建筑。

平顶上的坡顶建筑按照屋盖面层所使用材料的不同，可以划分为木板或石板类的坡屋盖和金顶屋盖两大类型。

■ 一、木板（石板）坡屋盖木作构造

屋盖面层采用砍劈的木板或加工的青石板来封闭的屋盖类型叫作木板或石板坡屋盖。这类屋盖的主要作用是迅速排除屋面雨水，同时丰富建筑外立面造型。主要出现在喜马拉雅山脉南坡一带的吉隆、定结、亚东、隆子、林芝、香格里拉等降雨量大的地区的民居建筑和个别寺庙、庄园等建筑。另外，在甘孜、阿坝等地的少量民居建筑中也有木板坡屋盖的构造做法。

木板或石板坡屋盖的优点是构造简单、技术难度低，不需要耗费大量的人力、物力就能够完成营造；缺点是石材或木材用量大，大量开采石材或伐木会影响生态环境，不利于环境保护。上述两种类型的屋盖，除面层所使用的材料不同之外，构造做法是相同的。其类别按照屋盖形制的不同，常见的有人字形的双坡屋盖和歇山式的四坡屋盖两种类型。其中，人字形的双坡屋盖使用更为普遍，广泛使用于上述各个地方；按照布置方法的不同，有独立式的双坡屋盖和廊道式的双坡屋盖两种类型（图3-19，图3-20）。另外，按照屋盖大小或构造做法的不同，也可以划分为小型屋盖和大型屋盖两种类型。本书以独立式屋盖和廊道式屋盖为例，分别介绍小型屋盖和大型屋盖的构造做法。

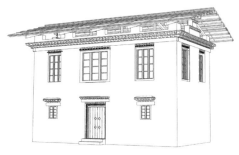
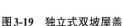

图3-19　独立式双坡屋盖

图3-20　廊道式双坡屋盖

（一）独立式双坡屋盖（小型双坡屋盖）

以林芝地区小型民居建筑为例，主要构造包括支撑墙体、梁柱屋架以及屋盖面层三个部分。其中，支撑墙体按照所处位置的不同，划分为外纵墙上的支撑矮墙和山面支撑墙两种类型；梁柱屋架包括梁、柱子、椽子木等主要的木构件以及斜撑等配套加固构件；屋盖面层同前面所述，可以是木板，也可以是石板（图3-21）。构造方法及步骤如下：

1.固定立柱：在平顶的结构屋盖上部立木柱。木柱进深方向根据屋面跨度的大小可以是单跨，也可是多跨（多跨构造参考廊道式双坡屋盖），木柱位置尽量要与下部的结构柱网上下对齐，截面可以是方形，也可以是圆形，只要满足承载要求即可，外观形制没有特殊要求（图3-22）。

2.安装主梁并加固柱网：立柱顶部采用扒钉或铁丝绑扎固定主梁；主梁两端要固定在建筑山面支撑墙体上（支撑墙顶，为了避免因应力集中而出现山墙开裂现象，要安装厚度为50mm左右的垫木），同时，根据屋盖悬挑的需要，主梁要从山墙往外悬挑600mm左右。另外，为了稳定屋架柱网，需要做好立柱的固定工作，一般当屋架或立柱高度不高，柱网间距不大时，在立柱下部安装斜撑来加固立柱；当屋架高度较高、立柱之间的间距较大时，立柱之间还应增加横向联系梁。

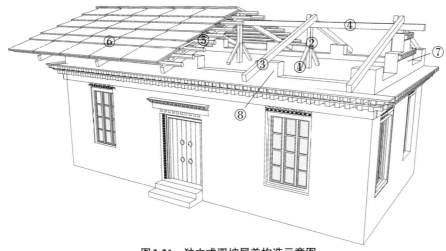

图3-21　独立式双坡屋盖构造示意图

① 斜撑　② 立柱　③ 斜梁　④ 主梁　⑤ 椽子木　⑥ 木板或石板面层　⑦ 山面支撑墙体　⑧ 正面支撑矮墙

① ﾟﾟﾟ　② ﾟﾟ　③ ﾟﾟ　④ ﾟﾟ　⑤ ﾟﾟ　⑥ ﾟﾟﾟ(ﾟﾟ)　⑦ ﾟﾟ　⑧ ﾟﾟ

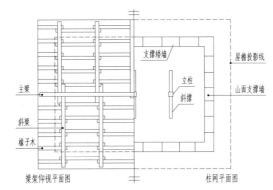

（a）屋架平面图

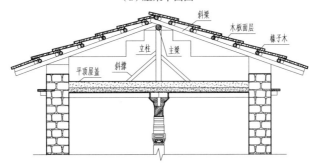

（b）屋架剖面图

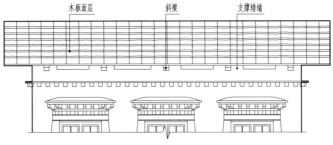

（c）屋架立面图

图3-22　独立式双坡屋盖构造举例

3.固定斜梁：从主梁两侧交叉安装斜梁，斜梁与主梁之间通过扒钉或铁丝绑扎固定；斜梁的另外一端要固定在建筑前后纵墙处的支撑矮墙上。同时，为了满足屋檐悬挑的需要，根据所在地的雨水情况，要将梁端悬挑至外墙外侧600～800mm左右。

4.安装椽子木：椽子木截面一般为圆形，铺设间距结合面层材料的尺寸及重量来确定。一般，面层为木板时，椽子木的间距为1m左右；当面层为石板时，椽子木间距为60mm左右；铺设时要错开布置椽子木。另外，椽子木与斜梁之间要用扒钉或铁丝做好绑扎固定工作。

5.铺设面板：为了防止雨水通过面板之间的缝隙渗透，面板要顺着水流方向，要上下搭接铺设；屋脊处，面板的搭接长度一般不小于面板长度的1/5；当为木板面层时，要选用耐腐蚀的木材，用砍刀劈成厚度为30mm、长度为2m左右的木板；当为石板面板时，石板厚度不宜过厚，一般控制在30～40mm左右。

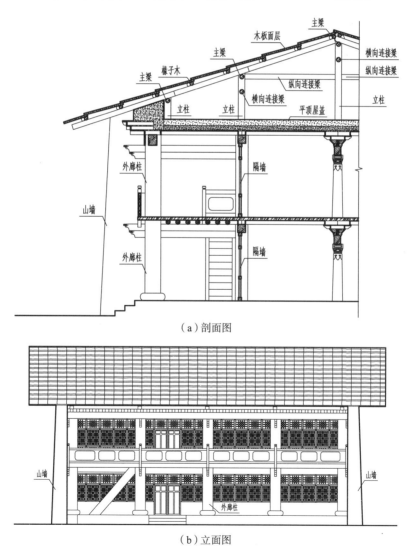

（a）剖面图

（b）立面图

图3-23 廊道式双坡屋盖构造举例

（二）廊道式双坡屋盖（大型双坡屋盖）

在建筑正立面位置，沿着建筑长度方向，布置一条外廊道，这条廊道的屋盖通过山墙等支撑构件，同建筑主体屋盖制作成整体坡顶的一种构造类型。这类屋盖主要出现在香格里拉以及林芝地区的个别民居建筑。同独立式双坡屋盖的主要区别在于建筑外立面，构造方法大同小异，以林芝地区的廊道式双坡屋盖为例（图3-23），主要构造组成包括支撑墙体、梁柱屋架以及屋盖面层等3个部分。构造方法如下：

1.固定立柱：在平顶的结构屋盖上部立木柱，木柱进深方向一般为多跨，开间方向同样也是多跨。与独立式屋盖不同的是，廊道式的大型屋盖山墙处，一般都没有砌筑承重墙体，因此，需要在山墙位置立柱，以满足山墙处架设屋架主梁的需求。木柱位置尽量与下部结构柱或墙体位置上下对齐，木柱截面可以是方的也可以是圆的，只要满足承载要求即可，外观形制没有特殊要求（图3-23）。

2.安装主梁并加固梁架：固定主梁方法同独立式屋盖；山墙处，廊道式屋盖的主梁固定在山墙立柱上，并用木板等轻质材料填充封闭山墙与屋盖之间形成的空间；主梁两端根据屋盖悬挑的需要，要出挑600mm左右；同时，为了稳定屋架柱网，需要在立柱下部安装斜撑，柱子与柱子之间要通过横向连系梁予以加固。

3.固定斜梁：从主梁两侧交叉安装斜梁，斜梁与主梁之间通过扒钉或铁丝绑扎固定；斜梁的另外一端要固定在建筑前后纵墙处的支撑矮墙上。同时，为了满足屋檐悬挑的需要，根据所在地的雨水情况，要将梁端悬挑至外墙外侧600～800mm左右。最后安装椽子木，并铺设面板，完成屋盖的制作工作。

■ 二、金顶屋盖木作构造

金顶（藏语名"ནྟང་ཁེབས།"）是以鎏金铜皮作为面层的屋盖类型。金顶因其轻盈、玲珑、多变的外观形体以及金黄色的饰面，同厚重、豪放、粗犷的藏式建筑外墙相结合，在材质、颜色、形体等各方面形成鲜明的对比，常用于给建筑重要位置进行装饰和点缀。因此，广泛使用于寺庙、园林以及宫殿等重要建筑的屋盖装饰，是该类建筑的标志性装饰构件。

金顶的优点是可以丰富建筑造型，同时能够创造良好的建筑艺术效果；缺点是构造复杂、技术难度大，并且需要投入一定的人力、物力和财力。所以，除了重要建筑之外，一般的建筑不会使用金顶装饰。

金顶的营造技术受到了中原地区汉地建筑和尼泊尔建筑的影响，但又因为藏式建筑的金顶是在平顶屋盖上添加的装饰构件，并且金顶内部空间大多是闲置或用于仓储空间。所以，除外观形制外，藏区金顶的构造做法、木料用料以及结构体系等方面，同上述这些地方的建筑有着较大的区别。另外，传统藏式建筑金顶的构造做法是比较灵活的，没有完全固定或者标准的构造做法，因此，本书结合典型建筑实例，介绍不同类别的金顶构造。

（一）金顶类别

金顶作为屋盖顶部的"装饰构件"，选择一个形态合适的金顶是至关重要的。常见金顶按照构造方法和平面形态的不同，分类如下。

1.按照构造方法的不同分为：有斗栱金顶和无斗栱金顶；单檐金顶和多檐金顶等类型。不同类型金顶没有严格规定使用范围，一般按照建筑的重要程度和装饰要求来确定构造类型。

2.按照平面轮廓的不同，以卫藏地区方言为准，常见的有：长方形金顶、圆形金顶、正方形金顶以及尼泊尔风格的攒尖金顶等类型（图3-24）。

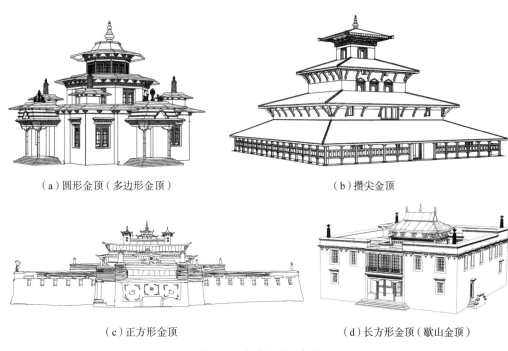

（a）圆形金顶（多边形金顶）　　　　　　　　（b）攒尖金顶

（c）正方形金顶　　　　　　　　（d）长方形金顶（歇山金顶）

图3-24　各类金顶示意图

（二）长方形金顶（歇山金顶）

长方形金顶（藏语名 རྒྱ་ཕིབས་རྒྱ་བཞི་ནར）其实为歇山式金顶，其平面轮廓大多为长方形，因此，在卫藏地区称其为长方形金顶。从外观形制上看，长方形金顶具有雄浑稳重的气势，又因为屋檐的四角起翘、山面的陡峭变化，具有玲珑、活泼的性格。同时，屋盖金黄色的饰面，给人一种富丽堂皇、极尽奢华的感觉，所以广泛使用于宫殿、园林、寺庙等重要建筑的屋盖装饰，是传统藏式建筑最为常见的金顶类型。

长方形金顶的构造组成包括正身、山面以及四角部分。正身部分按照构造功能的不同可以分为三段。一是以地梁、斗栱、朗董以及压斗梁等组成的金顶基础部分。这一段的主要作用是安装、固定斗栱，同时为金顶主要框架的制作奠定基础（当金顶没有斗栱时，这一段的构造是可以省略的）。二是从压斗梁上部至脊梁之间的各种梁、柱框架部分。这一段是金顶屋盖的主要构造组成，是安装、固定椽子木并搭建金顶骨架的主要构造。三是屋脊处的脊梁。是金顶屋盖顶部的封口和固定屋脊装饰构件的主要构造。山面和四角位置，由于转角衔接和造型的需要，比正身位置多了枕头木、角梁等构件，其余构造组成与正身构造相同（图3-25，图3-27）。

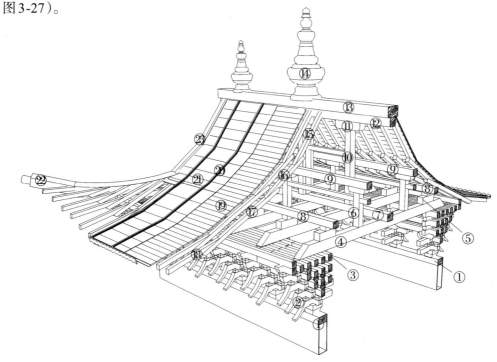

图3-25　典型长方形金顶构造举例一

① 地梁　② 斗栱　③ 朗董　④ 压斗梁　⑤ 垫木　⑥ 短柱　⑦ 中纵梁　⑧ 下纵梁　⑨ 上纵梁　⑩ 长柱（芯柱）
⑪ 弓木　⑫ 下脊梁　⑬ 上脊梁　⑭ 宝瓶　⑮ 脑椽　⑯ 花架椽　⑰ 檐椽　⑱ 剪子　⑲ 望板　⑳ 阳撑木
㉑ 阴撑　㉒ 角梁　㉓ 架额

① ས་གདུང་།　② བབགས་（ཊེ་ཐྱོག་བང་ཐ）　③ སྒྲོ་གདུང་།　④ ཤུན་སྒྲོ་གདུང་།　⑤ ཤན།　⑥ ཀ་ཐུང་།　⑦ གུང་བར་གདུང་འ།　⑧ གདུང་བར་ཐོག་འ།
⑨ གནོན་གདུང་འ།　⑩ ཀ་ཆེན་（སྙིང་ཀ་ཐ）　⑪ གཞུ།　⑫ རྩེ་གདུང་ས་འོག་མ།　⑬ རྩེ་གདུང་གོང་མ།　⑭ བུམ་པ།　⑮ སྒྲོ་ཕུག　⑯ ར་སྟུམ།　⑰ ཐོག་ཕུག
⑱ ཐེམ་འ།　⑲ སྒྲོ་པང་།　⑳ ཕོ་རྩོན།　㉑ མོ་རྩོན།　㉒ གྱ་ལམ་གདུང་།　㉓ བྱ་ར།

1.朗董

　　朗董是安装在斗栱顶部，用于固定斗栱，同时为椽子木、压斗梁的安装工作提供基础的构件，是有斗栱类金顶的重要组成部分。朗董截面一般为矩形，截面横向宽度受下部斗的大小控制；纵向高度一般要比横向宽度要略大，以满足良好的抗弯、抗剪作用。布置时要沿着金顶四周成圈布置，四角转角处通过上下凹槽插接（企口）连接，同时，根据受力和造型需求，转角处的朗董端部，一般要悬挑200～400mm左右。另外，在最外一圈朗董位置，为了安装椽子木的需要，通常要增加一圈朗董来抬高此处的高度。

朗董数量或圈数一方面可以反映斗栱的大小，另外也可以反映金顶的大小尺寸。因此，在民间，由朗董的数量来形容金顶的豪华程度或者类别。以西藏地区为例，金顶朗董圈数最少一般为三圈，最多的为五圈。

2.枕头木

枕头木是安装在正身和山面转角位置，带有一定斜度的特殊构件。其作用是转角位置椽子木的安装高度层层抬高，从而为制作屋檐四角的起翘造型提供基础。需要注意的是①枕头木的顶面，为了便于固定椽子木，一般要在安装椽子木的位置开槽；②枕头木的斜度要平缓，不得有突兀。一般，当有斗栱时，枕头木的长度要做到第二个斗栱的位置；当没有斗栱时，正身方向的枕头木长度一般要做到屋盖总开间的10%～11%；山面方向的枕头木长度要做到总进深的20%左右（图3-27）。

3.压斗梁

压斗梁是有斗栱金顶必不可少的重要构件，作用是支撑金顶各类构件，同时将上部荷载通过朗董传递至斗栱，从而起到压实、固定斗栱的作用。是整个金顶承上启下的联系构件。

压斗梁的工作原理是通过上部荷载，压实、固定每一组斗栱，因此，布置时必须要与下部斗栱相对应，并且保证在面宽方向的每一组斗栱上方都有一根压斗梁。布置方法按照最外边压斗梁布置形式的不同有两种：一是将所有压斗梁平行布置（图3-26a）。这种方法布置时，通常要在转角斗栱及山面斗栱内拽（尾部）上方，布置一根压斗梁，然后在压斗梁与斗栱尾部之间立短柱，起到固定这几组斗栱作用；二是从山面中心向面宽方向斜向布置压斗梁（图3-26b），工作原理基本相同。

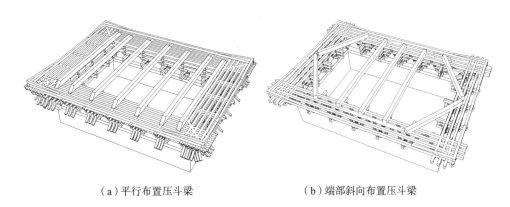

（a）平行布置压斗梁 　　　　（b）端部斜向布置压斗梁

图3-26　常见压斗梁布置方法示意图

压斗梁截面一般为矩形，截面尺寸200～220mm×220～240mm不等；长度方向，为了能够更加牢固地固定斗栱，压斗梁的长度至少要保证内侧第二根朗董至上；梁的端部，如果与斜向安装的椽子木发生打架现象时，在安装椽子木的时候，可以将端部切割成斜面（图3-28）。当压斗梁斜向布置时，木梁长度至少要保证在

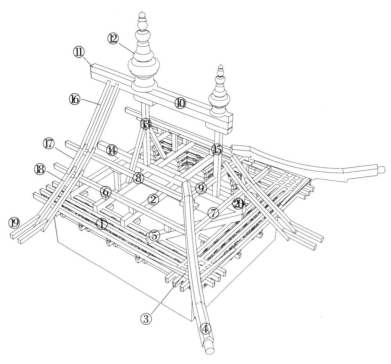

图3-27 典型长方形金顶构造举例二

① 朗董 ② 压斗梁 ③ 枕头木 ④ 角梁 ⑤ 斜向压斗梁 ⑥ 下纵梁 ⑦ 下横梁 ⑧ 上纵梁 ⑨ 上横梁
⑩ 下脊梁 ⑪ 上脊梁 ⑫ 宝瓶 ⑬ 长柱 ⑭ 中纵梁 ⑮ 边柱 ⑯ 脑椽 ⑰ 花架椽 ⑱ 檐椽 ⑲ 剪子 ⑳ 中纵梁

① སྐྱོ་གདུང་། ② རྒྱུ་སྒྲོམ་གདུང་ཁ། ③ གདན་སྒྲོམ། ④ ལྡ་ལུགས་གདུང་། ⑤ རཕུ་སྒྲོམ་གདུང་ཁ། ⑥ གཤམ་རྒྱབ་ལྷི་མ། ⑦ འཕྲེད་རྒྱབ་ལྷོག་མ། ⑧ གཡུ་རྒྱབ་ལྷི་མ།
⑨ འཕྲེད་རྒྱབ་ལྷི་མ། ⑩ རྒྱུ་རྒྱབ་གདུང་ལྷོག་མ། ⑪ རྒྱུ་རྒྱབ་གདུང་ལྷ་མ། ⑫ གཙུག་ཏོ། ⑬ རཀའང་། (སྐུག་ཞིག) ⑭ གཤམ་རྒྱབ་འབྲིང་ལྷི་མ། ⑮ ཐུར་ཀ། ⑯ སྒོག་ལྕམ།
⑰ བར་ལྕམ། ⑱ ཕོ་ལྕམ། ⑲ ཙེ་ཙེ། ⑳ གཤམ་རྒྱབ་དཀྱིལ་མ།

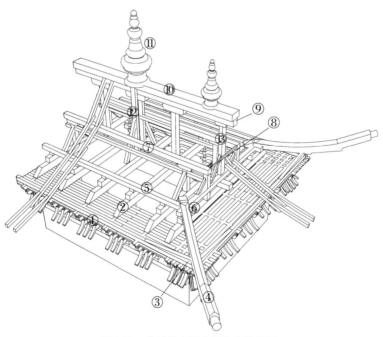

图3-28 典型长方形金顶构造举例三

① 朗董 ② 压斗梁 ③ 枕头木 ④ 角梁 ⑤ 下纵梁 ⑥ 下横梁 ⑦ 上纵梁 ⑧ 上横梁 ⑨ 下脊梁
⑩ 上脊梁 ⑪ 宝瓶 ⑫ 芯柱 ⑬ 边柱

① སྐྱོ་གདུང་། ② རྒྱུ་སྒྲོམ་གདུང་ཁ། ③ གདན་སྒྲོམ། ④ ལྡ་ལུགས་གདུང་། ⑤ རཕུ་སྒྲོམ་གདུང་ཁ། ⑥ འཕྲེད་རྒྱབ་ལྷོག་མ། ⑦ གཡུ་རྒྱབ་ལྷི་མ། ⑧ འཕྲེད་རྒྱབ་ལྷ་མ།
⑨ རྒྱུ་རྒྱབ་གདུང་ལྷོག་མ། ⑩ རྒྱུ་རྒྱབ་གདུང་ལྷ་མ། ⑪ གཙུག་ཏོ། ⑫ ཀ་རིང་། (སྐུག་ཞིག) ⑬ ཐུར་ཀ།

传统藏式建筑木作营造技术

面宽方向第二根斗栱上方。

4.上、下纵、横梁

这几组构件是安装椽子木和制作金顶骨架的主要构件，截面通常为矩形，有时，为了安装椽子木的需要，在上、下纵横梁顶面予以开槽，然后在槽内固定椽子木。安装方法按照金顶大小的不同较为灵活，常见的有两种：一是当金顶体量较大时，在压斗梁上安装垫木或支撑短柱，然后沿着四周布置双层纵、横梁并交圈。其中与面宽平行的木梁称之为上、下纵梁，与山面平行的木梁称之为上、下横梁，纵横梁统称为圈梁。上、下圈梁间垂直方向的高度和水平方向的位置决定了金顶外立面造型。上、下两圈梁之间的高度700～1000mm不等，上、下两圈梁的水平间距800～1000mm不等，具体根据实际情况酌定。二是当金顶规模很小时，可以做单层纵、横梁（圈梁）。此时，可以参照上述做法，在压斗梁上部安装垫木或立短柱，然后安装圈梁。也可以在压斗梁上部安装支撑斜梁，然后在斜梁上部直接安装纵、横梁（圈梁）（图3-29）。

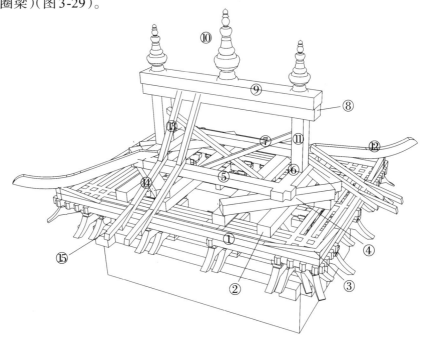

图3-29　小型长方形金顶构造举例

① 朗董　② 压斗梁　③ 枕头木　④ 斜向压斗梁　⑤ 纵梁　⑥ 横梁　⑦ 斜撑　⑧ 下脊梁
⑨ 上脊梁　⑩ 宝瓶　⑪ 边柱　⑫ 角梁　⑬ 脑椽　⑭ 檐椽　⑮ 剪子

① སྐུང་གདུང་།　② ཀྱུ་སྐྲ་གཅལ་མ།　③ མགོའི་ཤིང་།　④ ཟུར་གཅལ་གཏུང་།　⑤ གཤམ་གཏུང་།　⑥ འཕྲེད་གདུང་།　⑦ འཐེན་གཟར།　⑧ ཆུ་རྒྱུད་གཏུང་འོག་མ།
⑨ ཆུ་རྒྱུད་གཏུང་གོང་མ།　⑩ གསེར་ཏོག　⑪ ཟུར་ཀ་བ།　⑫ ཟུར་ལིང་གཅལ་མ།　⑬ སྟོད་ཕྱམ།　⑭ འཕང་ཕྱམ།　⑮ ཟེ་ཟོར།

5.木柱

木柱是支撑脊梁的主要构件，常见固定方法是沿着压斗梁的中线，叠加放置中纵梁，木柱沿中纵梁竖向排列布置，间距1.8～5.0mm不等（图3-27、图3-28），然后在木柱两侧安装斜撑予以支撑。当柱子间距较大、高度较高时，木柱之间还需要增加横向连系梁予以加固整体柱网（图3-28）。

当屋脊有宝瓶装饰时，宝瓶芯柱要穿过脊梁，并且要伸入至柱顶生根。当金顶和宝瓶很小时，直接从脊梁生根即可。

6.脊梁

脊梁是位于屋脊处，用于金顶顶部封口和固定装饰构件的木梁。脊梁可以是双层的，也可以是单层的。当为双层时，下脊梁的宽度比上脊梁的宽度要略小，主要为了保证坡面面层铜皮端头完全封闭至上脊梁下部，以防雨水渗透；当为单层时，坡面面层铜皮安装至木梁底面即可。

7.角梁及山面构造

角梁是位于金顶四角，带有一定曲线的木梁，是制作屋面四角曲线的重要构件。角梁因为需要一定的长度，并且要制作曲线，所以一般由2~4根木梁拼接而成（通常由3根木梁拼接制作）。制作时因为安装铜皮面板的构造要求，一般将上部截面切割成"△"型，同时，为了保证角梁底部外露位置具有良好的视觉效果，也会切割成"▽"型（图3-30）。当金顶规模很小时，角梁由一根梁制作即可。

长方形金顶山面位置由斜梁和封板来构成，外观呈三角形（藏语名"恰采"ཕྱག་འཆམ།）。斜梁是从下脊梁至角梁上部安装的斜向木梁，这一梁称之为"架额"（藏语名"架额"གུང་བ།），作用是方便安装封板。山墙面封板一般由5~6mm厚的木板制作，安装时从横梁上部，沿斜梁内侧安装（图3-27）。

8.椽子木

面宽位置椽子木一般由2~3根拼接组成，山面位置一般为1~2根拼接组成。椽子木端部一般需要安装"剪子"。椽子木之间的缝隙，在最外部朗董位置，通过卡板封口构件予以封闭。山面椽子木可安装至上横梁（图3-29），也可安装至下横梁（图3-30）。当安装在下横梁时，山面三角处的高度较高，整体屋架山面可显得雄浑壮丽；当椽子木安装在上横梁时，三角处的高度变小，曲线部位的面积增加，整体屋面显得轻巧活泼。

（三）圆形金顶（多边形金顶）

圆形金顶（藏语名རྒྱ་ཕིབས་ཟློ་གཤམ།）其实为多边形金顶，因平面轮廓近似圆形，因此在卫藏地区习惯称其为圆形金顶。圆形金顶相比长方形金顶和正方形金顶，在传统藏式建筑中使用不多，但是也有在宫殿、寺庙以及小型构配件屋盖上使用的案例。

圆形金顶按照其多边形边数的不同，有六角金顶和八角金顶两种类型。

1.六角金顶

六角金顶（藏语名རྒྱ་ཕིབས་ཟུར་དྲུག་གཅན།）是金顶屋檐及金顶顶部平面轮廓呈六角多边形的金顶类型，是圆形金顶的主要类型之一。六角金顶在宫殿、寺庙以及小型构配件

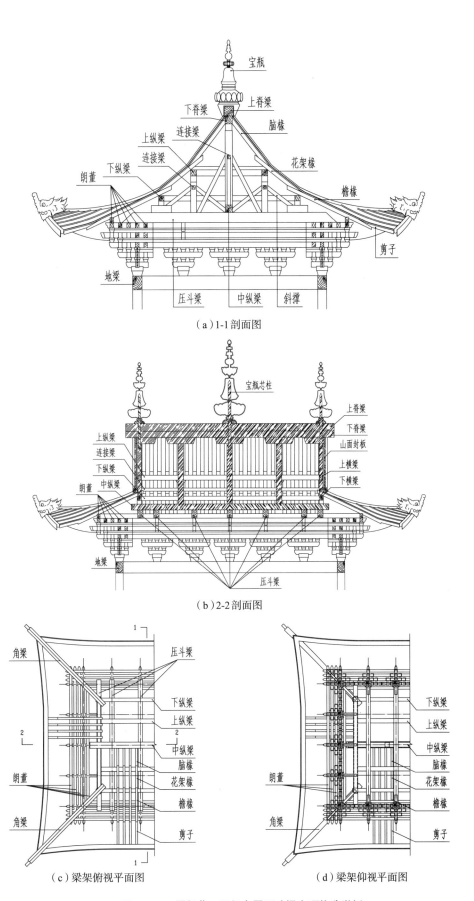

宝瓶

上脊梁
下脊梁
脑椽

连接梁
上纵梁
连接梁
下纵梁

花架椽

朗董

檐椽

剪子

地梁

压斗梁 中纵梁 斜撑

（a）1-1剖面图

宝瓶芯柱

上脊梁
下脊梁
山面封板
上横梁
下横梁

上纵梁
连接梁
下纵梁
朗董
中纵梁

地梁

压斗梁

（b）2-2剖面图

角梁

压斗梁
下纵梁
上纵梁
中纵梁
脑椽
花架椽
檐椽
剪子

朗董

角梁

（c）梁架俯视平面图

下纵梁
上纵梁
中纵梁
脑椽
花架椽
檐椽
剪子

朗董

角梁

（d）梁架仰视平面图

图3-30 五圈朗董、平行布置压斗梁金顶构造举例

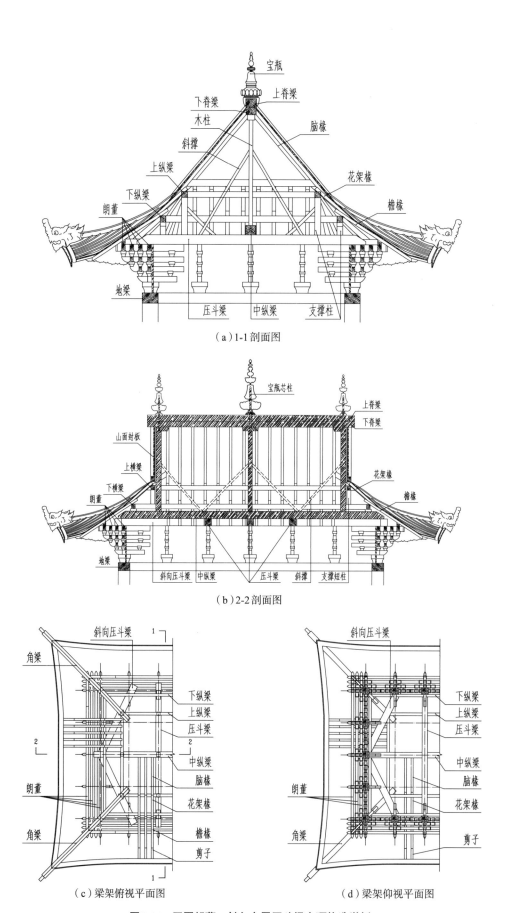

（a）1-1剖面图

（b）2-2剖面图

（c）梁架俯视平面图

（d）梁架仰视平面图

图3-31　四圈朗董、斜向布置压斗梁金顶构造举例

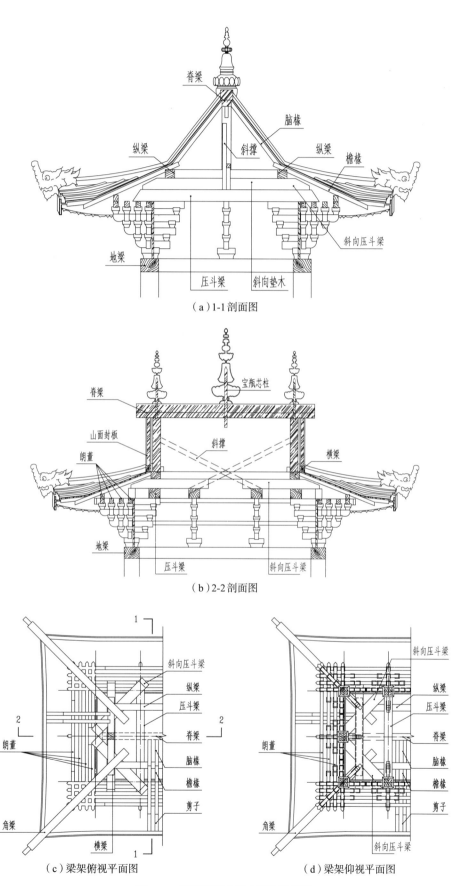

（a）1-1剖面图

（b）2-2剖面图

（c）梁架俯视平面图

（d）梁架仰视平面图

图3-32 四圈朗董小型金顶构造举例

中均有使用。如布达拉宫帕巴拉康、拉姆拉康（彩图22），宗角禄康龙王宫以及布达拉宫广场、大昭寺门前石碑罩子的屋盖等均采用六角金顶。

常见六角金顶的特征是体量不大，屋盖大多为单檐，每个转角安装有一组斗栱，共6组斗栱。其构造组成及构造原理基本同带有斗栱的长方形金顶。构造方法是第一步要在斗栱上部，沿着六角的平面轮廓安装固定斗栱和支撑上部构件的朗董和压斗梁；常见朗董为四圈梁；朗董上部以两两斗栱为一组，先安装两根压斗梁，然后在固定完成的压斗梁垂直方向叠加安装另外一根压斗梁，通过垫木调整上下叠加梁的顶部标高（图3-33）。压斗梁的叠加顺序也可以先安装一根梁，在其上部叠加另外两根梁（图3-34）。

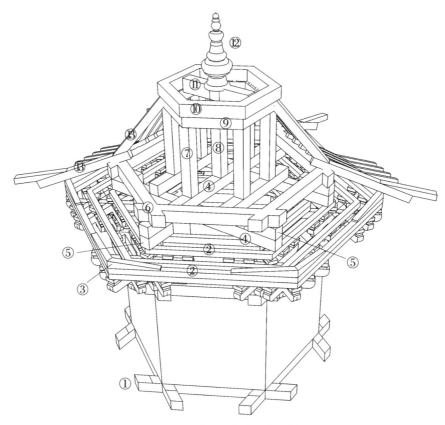

图3-33　六角金顶构造组成示意图
① 地梁　② 朗董　③ 枕头木　④ 压斗梁　⑤ 垫木　⑥ 圈梁　⑦ 圈柱　⑧ 芯柱
⑨ 下脊梁　⑩ 上脊梁　⑪ 拉结梁　⑫ 宝瓶　⑬ 角梁
① ས་ལེན་གདུང་མ།　② སྲུབ་གདུང་།　③ གདན་རྩིག　④ ཀུ་སྲུབ་གདུང་།　⑤ ཤལ།　⑥ བདེ་རྒྱ།　⑦ མཐའ་ཡི་ཀ་བ།　⑧ དབུས་ཀའི་ཀ་བ།（སྟོད་ཁང་）
⑨ རྩ་རྒྱབ་གདུང་མ་འོག་མ།　⑩ རྩ་རྒྱབ་གདུང་མ་འོག་མ།　⑪ འཇེར་གདུང་།　⑫ གཙུག་རྒྱན།　⑬ ཟུར་གདུང་།

第二步是通过立柱和圈梁等构件来制作骨架。因六角金顶顶部平面轮廓为六边形，因此，需要通过6根柱子来支撑顶部6根脊梁。立柱位置要保证在脊梁转角位置或交接处。常见方法是在压斗梁上立柱。当压斗梁的位置不适合立柱时，可以在适当位置增加1～2根专门用于立柱的短梁，短梁上部再安装立柱。同时，沿着压斗梁端部安装六根圈梁，圈梁角度每边按照120°平均分配，并且要保证同下部平

传统藏式建筑木作营造技术

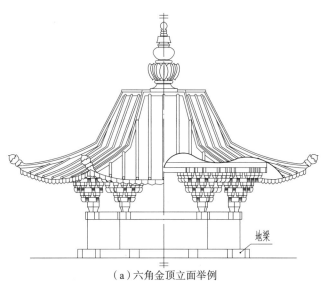

（a）六角金顶立面举例

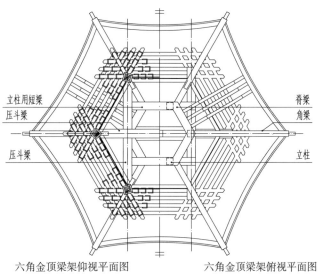

六角金顶梁架仰视平面图　　　　　六角金顶梁架俯视平面图

（b）六角金顶平面图

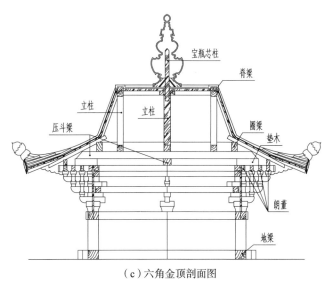

（c）六角金顶剖面图

图3-34　六角金顶构造图

面和上部脊梁的转角位置在一条线上；圈梁交叉处通过上下凹槽插接（企口）连接。另外，在最外侧朗董的六个转角位置安装枕头木，枕头木的坡度最高点为转角位置，然后沿着两边降低高度，以便做转角位置的起翘。

第三步是在立柱顶部安装六角形脊梁。脊梁可以为单层的，也可以为双层的。另外，为了加强脊梁之间的联系和方便固定宝瓶，一般需要在脊梁之间安装连系梁，然后在其上部固定宝瓶。宝瓶芯柱可以伸入至连系大梁和下部柱子顶部（图3-33），也可以在柱子两侧通过扒钉、铁丝等构件来安装支撑木板予以支撑（图3-34）。

第四步是在六个转角位置安装角梁，角梁一般为2～3根梁组合制作；最后安装椽子木完成六角金顶骨架的制作（图3-33，图3-34）。

2.八角金顶

八角金顶（藏语名ཟུར་བརྒྱད་བཀོད་གསེར་ཁང）是金顶屋檐及金顶顶部平面轮廓呈八角多边形的金顶类型。八角金顶在传统藏式建筑中极为少见，在西藏自治区范围内，除林芝县布久乡的喇嘛林寺金顶为八角金顶外，就没有典型的八角金顶案例了（彩图18）。

喇嘛林寺始建于公元12世纪初，但是在20世纪曾遭受严重破坏，后于20世纪90年代完成修复。因此，我们现状能看到的基本属于20世纪90年代的建筑物。从主殿金顶的构造做法也可以看出同传统的构造做法有一定的差别，这种差别也许就是受到新技术影响下形成的产物。本书以喇嘛林寺金顶为例，简要介绍藏式建筑八角金顶的基本构造。

喇嘛林寺主殿为三层，金顶为三重檐（图3-38）。按照西藏地区的称呼，由底到上的顺序，最底下为第一层飞檐，是由二十个边组成的多边形飞檐；中间为第二层飞檐，是正八边形飞檐；最顶部不属于飞檐，而是金顶，是正八边形金顶。另外，在二层的四角分别有四个角楼，角楼屋盖为正方形金顶装饰（彩图18）。

八角金顶的构造如果参照上述六角金顶的构造做法，较为复杂，尤其在压斗梁布置时至少需要叠加三层梁，如果在安装支撑脊梁用的立柱时，因为位置不合适而需要增加立柱用的木梁的话可能还不止三四层叠加梁，会占用一定的空间，而且构造复杂。所以喇嘛林寺八角金顶的骨架制作时简化了各种做法，融入了一些新的构造方法。具体方法是以斜梁作为竖向传力和固定斗栱的主要构件，在八个转角以及有斗栱的位置安装八根斜梁，斜梁顶部与脊梁固定连接，底部固定在斗栱尾部（内拽），从而通过脊梁的重量来达到固定斗栱的作用。另外，在内侧朗董上部设置一圈木梁，这圈梁上安装椽子木和向外伸出的角梁，这些角梁或椽子木与斜梁之间通过拉结梁来连接固定，所以椽子木及角梁的自身重量也起到固定斗栱的作用。

金顶内部骨架制作方法是沿着八个转角设置若干个梁，这些梁的端部都固定在斗栱尾部（内拽），起到支撑各类构件的作用。但是整体支撑构架类似桁架，同传统的构造方法有一定的差别（图3-35～图3-37），本书不予以详述。

传统藏式建筑木作营造技术

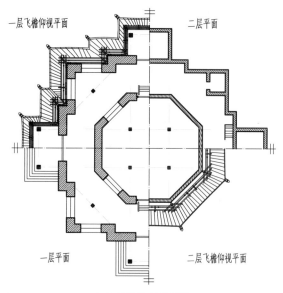

一层飞檐仰视平面　　　　　二层平面

一层平面　　　　　　二层飞檐仰视平面

（a）喇嘛林寺平面图

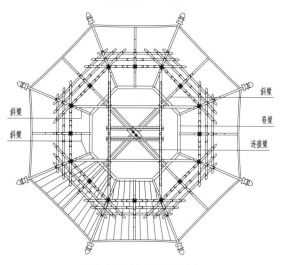

斜梁　　　　　　　斜梁

斜梁　　　　　　　脊梁

斜梁　　　　　　　连接梁

（b）金顶梁架仰视平面图

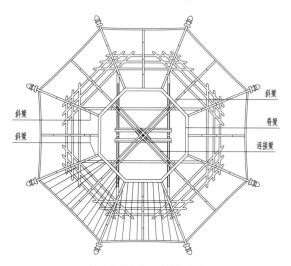

斜梁　　　　　　　斜梁

斜梁　　　　　　　脊梁

斜梁　　　　　　　连接梁

（c）金顶梁架俯视平面图

图3-35　喇嘛林寺八角金顶平面图

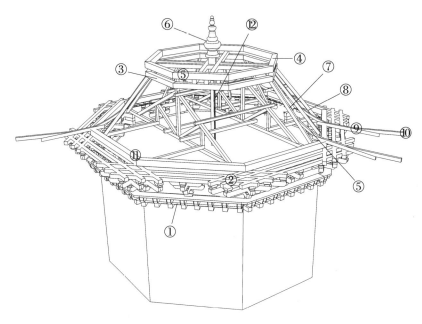

图3-36 喇嘛林寺八角金顶构造示意图

① 地梁 ② 朗董 ③ 下脊梁 ④ 上脊梁 ⑤ 拉结梁 ⑥ 宝瓶 ⑦ 斜梁（斜椽）⑧ 椽子木
⑨ 檐椽 ⑩ 剪子 ⑪ 圈梁 ⑫ 芯柱

① སའི་གདུང༌། ② སྐར་གདུང༌། ③ རྒྱབ་གདུང་མ་འོག་མ། ④ རྒྱབ་གདུང་མ་གོང་མ། ⑤ འཁྱིད་གདུང༌། ⑥ བུམ་པ། ⑦ འཁྱིད་གདུང་། (འཁྱིད་ཕྱག) ⑧ ཕྱང་རྩིགས། ⑨ བར་རྩིགས། ⑩ ཇེམ་ཙེ། ⑪ གདུང་སྐོར། ⑫ དཀྱིལ་གྱི་ཀ་བ། (སྙིང་ཤིང༌།)

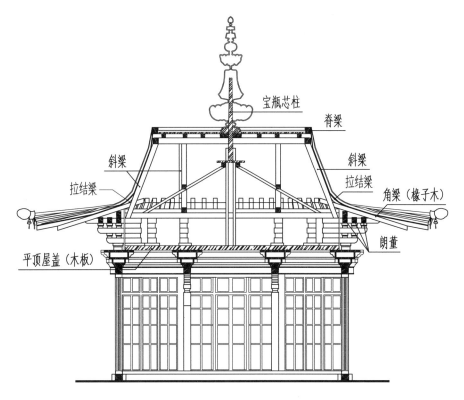

宝瓶芯柱

脊梁

斜梁

斜梁

拉结梁

拉结梁

角梁（椽子木）

朗董

平顶屋盖（木板）

图3-37 喇嘛林寺八角金顶剖面图

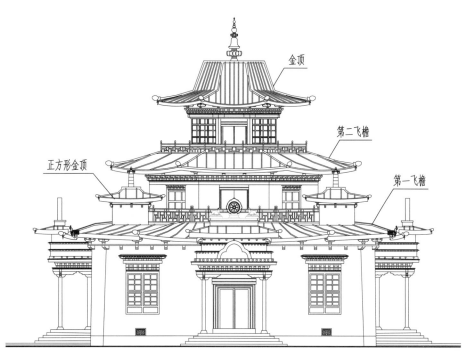

喇嘛林寺主殿立面图

图3-38　喇嘛林寺金顶

（四）正方形金顶

正方形金顶（藏语名ཆུ་ཡིབས་རྒྱ་བཞི།），是金顶屋檐和金顶顶部平面轮廓呈正方形或近似正方形的金顶。正方形金顶的特点是平面轮廓规整，金顶规模可大可小，平面边长从2.3m左右至20m左右可以按照需求随意选择，因此广泛使用于碉楼以及寺庙建筑角楼屋盖装饰。如山南雍布拉康、色卡古托、罗布林卡西龙王宫以及桑耶寺邬孜大殿和林芝喇嘛林寺角楼等，均为正方形金顶。

正方形金顶的出现形式是多样的，可以以独立的形式出现，也可以同其他金顶形式组合出现。当组合形式出现时，最常见的组合方法是角楼为正方形金顶，主楼为长方形金顶、圆形金顶或是正方形金顶。如林芝喇嘛林寺主楼为圆形金顶，角楼为正方形金顶。

正方形金顶按照有无飞檐划分为单檐和多檐两种类型。其中单檐正方形金顶属于最普遍的类型。按照圈梁数量的不同，又可以划分为单圈梁和重圈梁两种类型。

1.单檐正方形金顶

1.1　单檐单圈梁正方形金顶（角楼类小型正方形金顶）

不包括脊梁，金顶框架只有一圈梁用于制作骨架的构造类型称之为单圈梁正方形金顶（图3-39）。单圈梁正方形金顶的特点是规模小，高度普遍较低。边长一般控制在2.4m～3m，高度1m左右，因此主要使用于小型角楼屋盖的装饰。

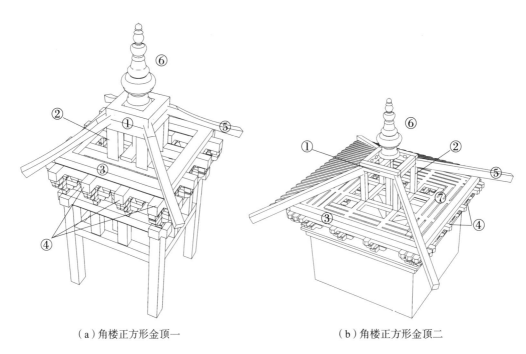

（a）角楼正方形金顶一 　　　　　　　　　　（b）角楼正方形金顶二

图3-39　角楼类小型正方形金顶构造图

① 脊梁　② 圈柱　③ 圈梁　④ 压斗梁　⑤ 角梁　⑥ 宝瓶　⑦ 朗董

① ཉ་ཕྱལ་གདུང་། ② ཀ་བ། ③ གདུང་སྐོར། ④ ཀུན་འཕང་གདུང་། ⑤ ཟུར་གདུང་། ⑥ མཆོད་རྟེན། ⑦ མདའ་གདུང་།

　　构造要点包括固定斗栱、安装脊梁、安装梁椽及装饰构件等三个内容。具体方法是，①当金顶规模和斗栱尺寸较小时，直接在斗栱上部双向安装压斗梁（图3-39a）；当金顶边长较长或斗栱上部有朗董时，在朗董同一标高处双向交叉布置压斗梁（图3-39b），同时，在朗董上部，沿着外围边缘安装圈梁。②在压斗梁上部立柱并固定脊梁。当脊梁边长较长时，宜增加连系梁（图3-39b）；③沿着金顶四角安装角梁，角梁顶面可以有一定的曲线，也可以为直线。另外，在安装宝瓶时，需要把宝瓶芯柱伸入至能够完全固定的构件上。

　　1.2　单檐重圈梁正方形金顶

　　根据脊梁安装和金顶骨架举折要求，沿金顶高度方向设置两圈或多圈圈梁的构造类型叫作重圈梁构造。适用于体量较大，高度要求较高，平面边长超过3m的正方形金顶构造。重圈梁正方形金顶最为典型的有罗布林卡西龙王宫殿（彩图21）。西龙王宫殿建筑平面呈方形，底层为传统石砌墙，外围有敞开的廊道，然后通过方形金顶点缀屋盖，从平面轮廓上形成上下呼应，成为一个有机的整体。又因材质、颜色、形制的不同，屋顶与墙体形成鲜明的对比，整体建筑显得厚重又轻巧、庄重又活泼，与水景相结合，形成典型的藏式园林建筑（图3-40，图3-41）。构造方法同前面介绍的各类金顶大同小异，具体如下：

　　第一步：安装基层构件。在斗栱上部，沿着四边安装固定斗栱和支撑上部构件的朗董和压斗梁。朗董可以为三圈，也可以为四圈梁。压斗梁的布置方法有两种。

一是以两两斗栱为一组，按照井字形的平面叠加布置，然后通过垫木调整上下叠加梁的顶部标高。二是如罗布林卡西龙王宫殿金顶，把斗栱内拽（尾部）向内伸长一定距离，然后在斗栱底部增加支撑圈梁，斗栱顶部立短柱，并通过第二圈圈梁的重量来固定斗栱（图3-40）。

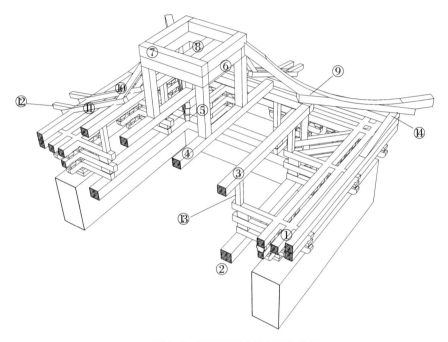

图3-40　重圈梁正方形金顶构造图

① 朗董　② 下圈梁　③ 上圈梁　④ 支撑梁　⑤ 短柱　⑥ 下脊梁　⑦ 上脊梁　⑧ 拉结梁　⑨ 角梁
⑩ 脑椽　⑪ 檐椽　⑫ 剪子　⑬ 短柱　⑭ 枕头木

① སྐུང་གདུང་།　② སྣོར་གདུང་འོག་མ།　③ སྣོར་གདུང་གོང་མ།　④ གཏངས་གདུང་།　⑤ ཀ་ཆུང་།　⑥ དུ་ཁྱུང་གདུང་འོག་མ།　⑦ དུ་ཁྱུང་གདུང་གོང་མ།　⑧ འཆིང་གདུང་།
⑨ ཟུར་འཁམས་གདུང་།　⑩ སྟོད་ཕྱམ།　⑪ བར་ཕྱམ།　⑫ ཆེག་གཅོད།　⑬ ཀ་ཆུང་།　⑭ གདུང་སྔོན།

第二步：制作骨架。因正方形金顶顶部平面轮廓为四边形，因此需要通过四根柱子来支撑顶部四根脊梁，立柱位置要均匀。同样以西龙王宫殿金顶为例，在斗栱顶部立柱，然后布置第二圈圈梁，在其上部叠加安装专门用于立柱的两根梁并予以立柱。

第三步：安装脊梁和角梁等构件。在立柱顶部安装脊梁，脊梁可以为单层，也可以为双层；另外，为了加强脊梁之间的联系和方便固定宝瓶，在下脊梁位置要安装一根连系梁，然后在其上部通过支撑构件固定宝瓶。

2.多檐正方形金顶

多檐正方形金顶在传统的藏式建筑中极为罕见，最为典型的属桑耶寺邬孜大殿金顶，本书以桑耶寺邬孜大殿作为实例介绍（彩图8）。

桑耶寺始建于公元八世纪，是西藏历史上佛法僧俱全的第一座寺庙。关于邬孜大殿建筑风貌在《西藏王统记》一书记载："底层为藏式风格、中间为汉式风格、顶层为印度风格……"整体建筑在历史上遭受了不同程度的破坏，尤其顶层破坏更为

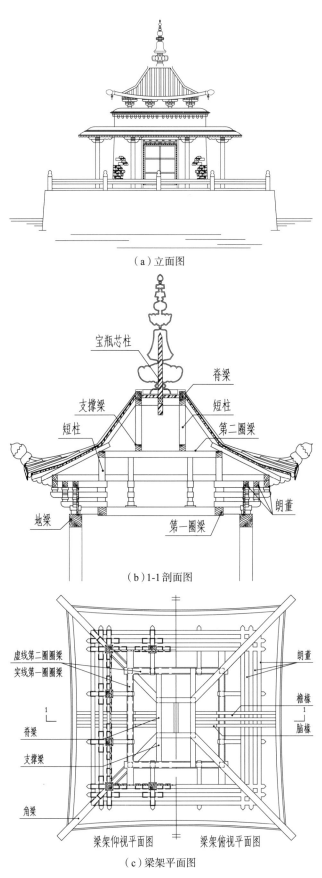

（a）立面图

宝瓶芯柱

脊梁

支撑梁

短柱

短柱

第二圈梁

地梁

第一圈梁

朗董

（b）1-1剖面图

虚线第二圈梁

实线第一圈圈梁

朗董

檐椽

脊梁

脑椽

支撑梁

角梁

梁架仰视平面图   梁架俯视平面图

（c）梁架平面图

图3-41 罗布林卡西龙王宫殿正方形金顶构造图

严重，于20世纪90年代进行了全面的修复工作。

　　该建筑的金顶由四层飞檐和顶部金顶组合而成，并且全部集中在建筑的最顶层（本书称其为金顶层，图3-42，图3-43）。从最顶部金顶的构造分析，同单檐正方形金顶构造大同小异，主要就是体量大、空间高、组合复杂、技术难度大，使之成为藏式建筑正方形金顶的经典，也是体现传统藏式木作大空间营造技术的标志（图3-49，图3-50，图3-51）。

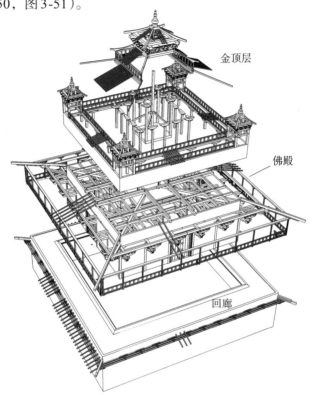

图3-42　金顶层构造图

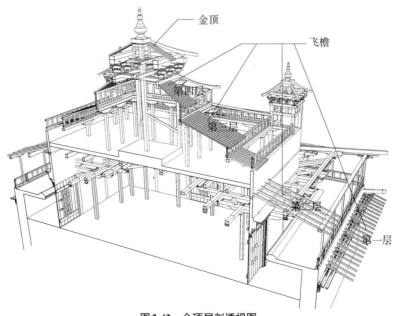

图3-43　金顶层剖透视图

金顶层由上下两层组成。其中下层为回廊和大空间佛殿组成的金顶基础层；上层为外廊、飞檐组成的大型正方形金顶，下面针对两层的构造方法进行分述如下：

2.1 金顶基础层

金顶基础层的主要空间为佛殿（图3-44）。佛殿由两圈柱网组成，两圈柱网的间距约1.85m；每圈有20根柱子，柱高约4.1m。其中外围一圈有砌筑墙体，内圈置于室内。具体构造方法是在内圈柱上施两个方向的梁。一是沿墙体平行方向的梁，这组梁的主要作用是搭建室内空间。二是同墙体垂直和四角对角方向布置短梁，这组梁要安装在内、外两圈柱上，同时从外圈柱向外伸出2m左右，作用是加强内、外两圈柱网的联系，同时为飞檐制作奠定基础；第一圈梁布置完成后，通过弓木、斗等构件来调整标高，然后安装第二圈梁和第二层同墙体垂直方向的梁，在其上部同样通过短柱、雀替、斗等构件来调整标高，然后放置第三圈梁，第三圈梁上没有布置同墙体垂直方向的梁，而是从墙体四角沿对角线方向安装主梁，主梁需要向墙外伸出一定距离来支撑转角处的飞檐梁；最后在主梁上面布置井字梁支撑整个楼面。这种重复三次抬梁式的布置，将室内空间层层抬高（整个佛殿的净高达7.2m左右），同时，将梁架从四面向内层层伸展，形成无柱大空间房间（柱间净宽约13.9m左右），这种大体量、大空间，通过木构件来完成的构造做法，在传统藏式建筑中是极其罕见的（图3-46，图3-47）。

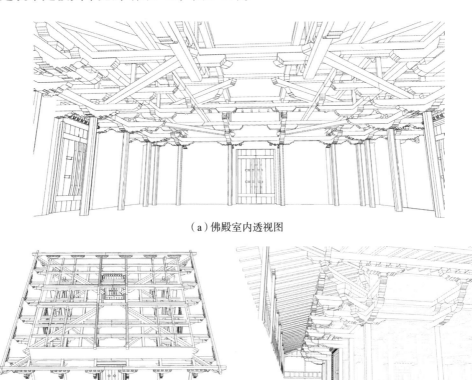

（a）佛殿室内透视图

（b）佛殿顶视图　　　　　　　　　　（c）佛殿外围转角透视图

图3-44　佛殿透视图

佛殿外围有一圈廊道，廊道高度约2.6m，廊道外围安装有一圈飞檐，属整个金顶的第一层飞檐；廊道上部，通过立柱来支撑从佛殿外墙伸出的第二圈飞檐的椽木构件，形成第二圈飞檐（图3-50，图3-51）。

2.2 大金顶层

大金顶层共由42根木柱构成，按照木柱高度的不同分为3个空间。其中最外一圈由21根木柱组成，净高约1.8m，该柱网四角处，再次立柱并修有角楼；从外到内，第二圈柱网共由16根木柱组成，净高约3.5m，然后从第二圈柱网向第一圈柱网斜向铺设椽子木形成整个金顶的第三层飞檐；第三圈柱网由四根木柱组成，净高约6.2m，同样从第三圈柱网向第二圈柱网斜向铺设椽子木形成整个金顶的第四圈飞檐；最顶部的金顶由第三圈柱网上部立圈梁，然后施斗栱，斗栱上部施压斗梁，最后从压斗梁上部立柱布置脊梁，同时，在宝瓶位置安装有高约8m的通高柱子，用于固定宝瓶芯柱构件。另外，在第三、四层飞檐下部开设有一圈采光窗户，使整个室内空间得到良好的采光，同时，丰富了整个金顶层的立面效果（图3-45，图3-48，图3-50）。

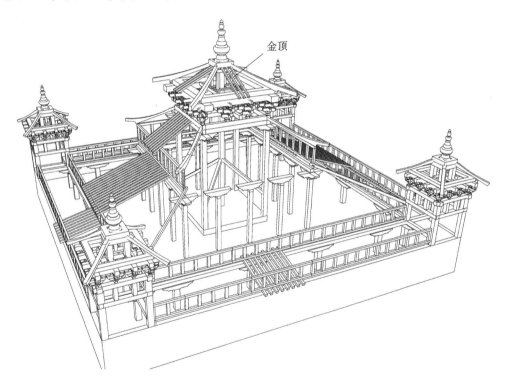

图3-45 大金顶层构架透视图

（五）攒尖金顶

金顶顶部交汇成一个点，形成尖顶，这种金顶称之为攒尖顶金顶。藏式建筑中除个别寺庙建筑外，攒尖顶的应用不多，而且多少受到了尼泊尔建筑的影响。如吉隆县强准祖拉康、帕巴拉康等，均属于此类屋盖（彩图19）。

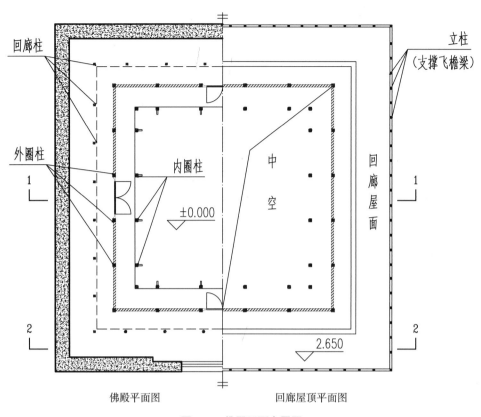

回廊柱

立柱
（支撑飞檐梁）

外圈柱

内圈柱

±0.000

中
空

回
廊
屋
面

2.650

1   1

2   2

佛殿平面图   回廊屋顶平面图

图3-46   佛殿平面布置图

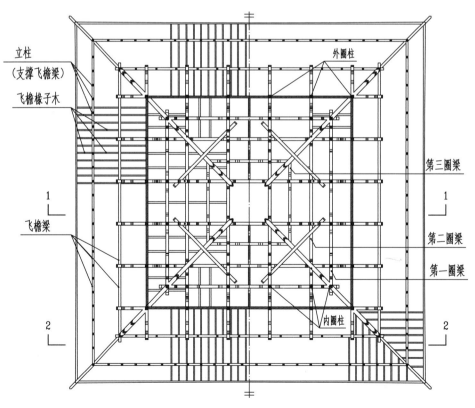

立柱
（支撑飞檐梁）

外圈柱

飞檐椽子木

第三圈梁

飞檐梁

第二圈梁

第一圈梁

内圈柱

1   1

2   2

图3-47   佛殿梁架仰视平面图

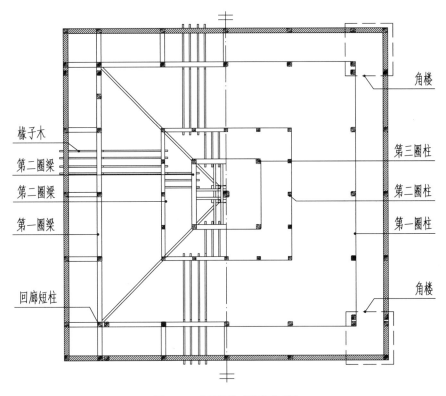

图3-48　金顶梁架仰视平面图

椽子木

第二圈梁

第二圈梁

第一圈梁

回廊短柱

角楼

第三圈柱

第二圈柱

第一圈柱

角楼

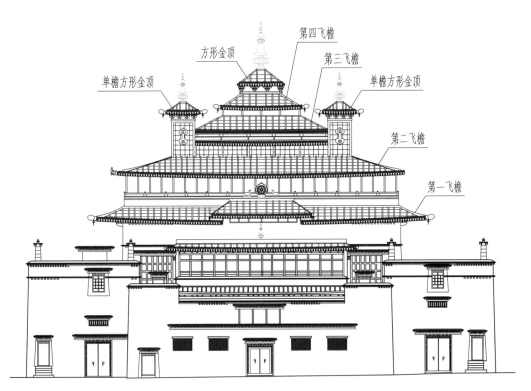

图3-49　邬孜大殿立面图

方形金顶

第四飞檐

第三飞檐

单檐方形金顶

单檐方形金顶

第二飞檐

第一飞檐

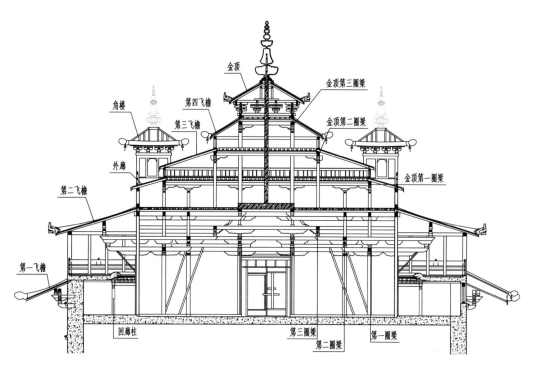

图3-50　佛殿1-1剖面图

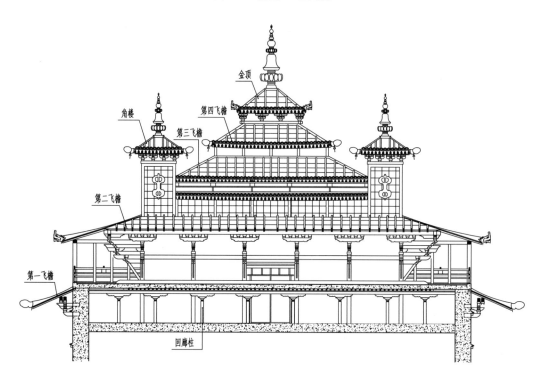

图3-51　佛殿2-2剖面图

藏式建筑中的攒尖顶为四角攒尖顶，即平面轮廓为正方形。屋面有四坡，四坡屋面相交形成四条屋脊，四条屋脊在顶部汇集成一点。构造组成如图3-52所示。构造方法有两种，一是当屋盖没有斗栱装饰时，在砌筑墙体的同时沿墙角对角线交叉安装两根木梁用于固定中心柱子（芯柱），墙体顶部安装圈梁用于支撑梁、椽构件，同时在四角位置安装角梁，在椽子木端部位置，安装用于支撑角梁和椽子木端部的支撑梁和斜撑。构造方法比较简单，基本类似飞檐构造（图3-52a）。二是当屋盖带有斗栱时，芯柱固定方法如上述，主要区别是斗栱的固定工作，构造方法基本同正方形金顶。具体方法是在朗董同一标高处双向交差布置压斗梁（图3-53b），同时，在朗董上部，沿着外围边缘布置圈梁，然后安装角梁和立柱。

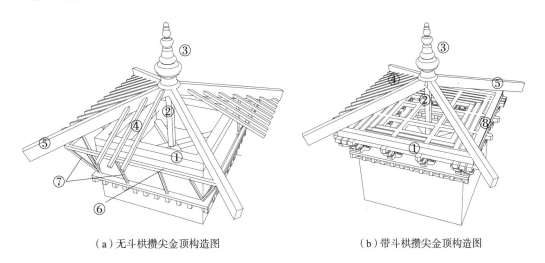

（a）无斗栱攒尖金顶构造图　　　　　　（b）带斗栱攒尖金顶构造图

图3-52　攒尖金顶构造图

① 圈梁　② 芯柱　③ 宝瓶　④ 椽子木　⑤ 角梁　⑥ 支撑梁　⑦ 斜撑　⑧ 朗董

① གཡུ་གསེས།　② སྐ་ཤིང་།　③ མ་ཅོ།　④ གྲུ།　⑤ རྩ་གཏིང་།　⑥ རྟེན་ཤིང་།　⑦ ཞུར།　⑧ གྲུ་ཤིང་།

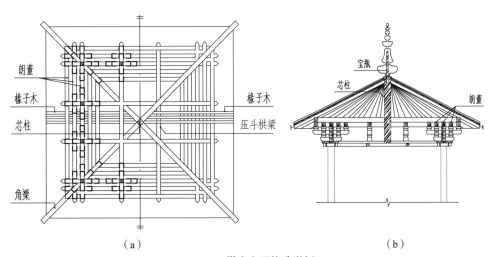

（a）　　　　　　　　　　　　　　　　　　（b）

图3-53　攒尖金顶构造举例

第三节　坡顶建筑木作构造

通过梁、枋、柱等构件建构屋架，使主体承重屋面搭建成坡顶的建筑类型称之为坡顶建筑。坡顶建筑在传统藏式建筑中的占比很小，而且以歇山式屋面为主，面层大多施以绿色琉璃瓦，其营造技术受到了中原汉地建筑营造技术的影响，最为典型的是夏鲁寺主殿（彩图15），但是因为夏鲁寺主殿多处隐蔽处的屋架构造目前无法详细勘察，只能参考相关书籍，因此，本书简要地对坡顶建筑木作构造予以介绍。如果需要进一步了解，可参阅马炳坚老师的《中国古建筑木作营造技术》一书。

夏鲁寺主殿自公元11世纪至14世纪，历经几个世纪的修建和完善，形成今天的规模。据《夏鲁寺史》《汉藏史集》《后藏志》等文献记载：夏鲁寺由杰尊·西绕迥乃于公元11世纪始建；公元13世纪末，由于夏鲁万户与当时担任元朝第三任帝师的萨迦家族达尼钦波达玛巴拉合吉塔有甥舅关系，通过达玛巴拉合吉塔向完泽笃皇帝褒封，夏鲁万户受到了元朝中央政府的直接资助，同时从内地迎请了许多技艺精湛的汉族工匠，从而扩建了位于现有主殿二层的四座歇山顶佛殿，在此之后没有经过大范围的改扩建工程，基本形成了夏鲁寺的主要规模（图3-54）。

夏鲁寺主殿建筑为两层，其中第一层主要空间为集会大殿，属传统藏式平顶结构；二层以庭院为中心，东、西、南、北四面分别布置四座佛殿，形成庭院式的平面布局；所有佛殿屋盖均采用汉式歇山式殿堂做法，屋盖形制极具汉式建筑风格，与厚重的传统藏式建筑风格相结合，丰富了藏式建筑设计手法和立面造型，形成了新奇一时的建筑风格，也是藏汉文化交流的典型成果。

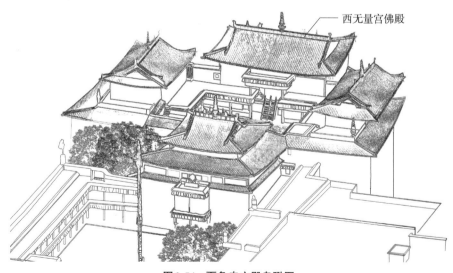

西无量宫佛殿

图3-54　夏鲁寺主殿鸟瞰图

夏鲁寺歇山坡屋盖的构造方法据有关专家和学者推断，与山西芮城永乐宫、北岳庙等具有一定的相似之处。以夏鲁寺主殿二层西无量宫佛殿为例（彩图16），佛殿面阔三间，约15.5m，其中明间约4.9m，次间约4.3m；进深两间约8.57m；所有结构柱都埋置于墙体内部，但又为了满足藏式建筑室内立柱的需求，室内还增加了两根木柱，这两根木柱也有一定的支撑作用（图3-56，图3-57）。

屋盖正面为单檐歇山顶，构造组成如图3-55，屋盖背面及两侧有一重飞檐，属两层的重檐歇山顶。屋架的基本形制同之前讲述的长方形金顶类似，结构类型同样都是属于抬梁式，但是在构造方法上稍有区别，尤其屋脊梁、枋的支撑方法上存在较大的差异。主要因为在制作金顶时，每一组斗栱上部都需要安装压斗梁，压斗梁是制作金顶骨架的基础，也是从这根梁生根立柱，并支撑屋脊和交圈的上、下纵横圈梁，但是在夏鲁寺歇山屋盖上没有"压斗梁"这一构件。下面以明清时期官式建筑构件名称为准，介绍夏鲁寺西无量宫佛殿歇山屋面基本构造。

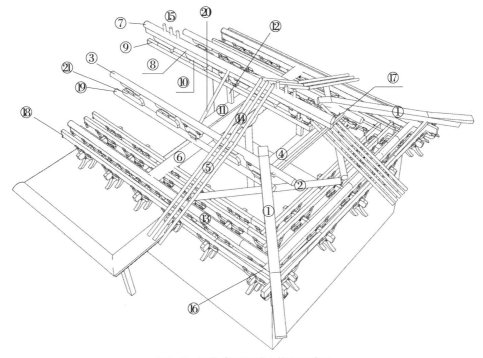

图3-55　夏鲁寺佛殿歇山构架组成图

① 角梁　② 抹角梁　③ 上金檩　④ 踩步金　⑤ 檐椽　⑥ 五架梁　⑦ 脊檩　⑧ 脊垫板　⑨ 脊枋
⑩ 隔架雀替　⑪ 三架梁　⑫ 脊柱　⑬ 檐檩　⑭ 脑椽　⑮ 扶脊木　⑯ 枕头木　⑰ 踏脚木　⑱ 撩檐枋
⑲ 下金枋　⑳ 叉手　㉑ 隔架雀替

屋架有正身、山面、转角三部分组成。正身部分是制作屋面前后坡的主要骨架，由上、下金檩组成。其中下金檩支撑在五架梁和抹角梁上部。所谓"五架梁"是指在这根梁上部承有五根梁，使用在前后结构柱之间，是整个屋架的主要梁件构件，也是制作屋架的基础。"抹角梁"是沿面宽与进深各成45°角安装的梁，抹角梁安装时需要注意的是，抹角梁的中心与踩步金中线要重合。上、下檩、枋之间通过

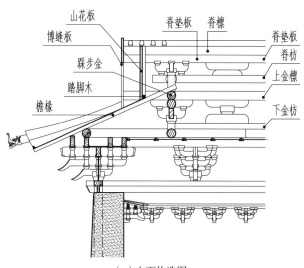

（a）山面构造图

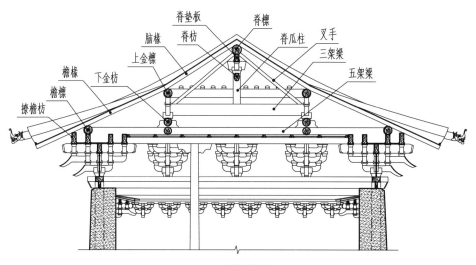

（b）屋架构造图

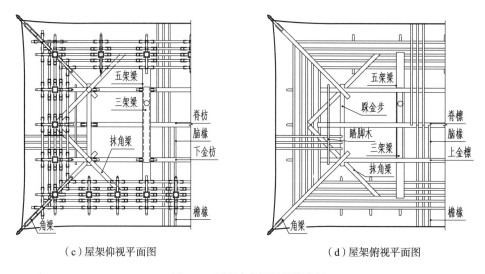

（c）屋架仰视平面图　　　　　　　　　（d）屋架俯视平面图

图3-56　夏鲁寺佛殿屋架构造图

传统藏式建筑木作营造技术

隔架雀替和驼峰等构件支撑，同时，在五架梁上部，将三架梁通过榫卯连接固定在前后隔架雀替木上。所谓"三架梁"是指在这根梁上承有三根梁。山面部分主要构件有踩步金，作用是承接山面椽子木，同前后上金檩交圈，同时，在三架梁和踩步金上立脊柱支撑屋脊梁、枋构件。转角位置使用角梁45°斜向安装，起到连接左右檐的作用。

歇山骨架制作完成后还有一个重要工作就是山面的封闭工作，方法是在山面檐椽上横向使用踏脚木作为固定和支撑构件，在踏脚木外壁安装山花板，山花板的作用是封闭山面空间，在山花板外侧约430mm处安装有博缝板，博缝板的作用是保护外露的檩梢，保护檩头免受雨水侵蚀，并起到装饰作用。

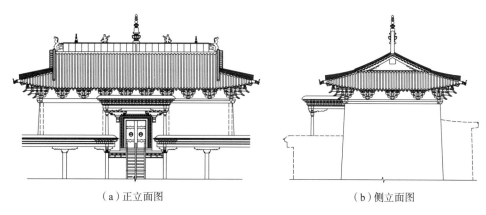

（a）正立面图　　　　　　　　　　　　（b）侧立面图

图3-57　夏鲁寺西无量宫佛殿立面图

第四节　其他建筑木作构造

除上述石木或土木结构的建筑之外，还有一种木构的平顶或平顶上的坡顶建筑，也是传统藏式建筑的一部分。这种建筑主要出现在西藏林芝、昌都、亚东等地的林区地带以及区外个别地方。这类木构房屋以井干式的墙体为主，有底层采用石、土构筑墙体，顶层采用木构墙体的构造做法，也有纯木的构造做法，不管采取哪一种组合形式，其木作构造是大同小异的。

以四川省甘孜州炉霍县和道孚县的"崩壳"（木构房屋ᄃᄃᄃᄃ）为例（彩图38），结构体系类似钢筋混凝土框架结构。构造方法是以梁、柱、椽子木作为房屋的主要框架，然后通过木板、石材等材料来填充墙体并围合空间，同时在楼、屋面处，椽子木作为装饰构件将椽头向外伸出200mm左右，同其他地方的藏式檐口做法保持风格基本一致，极具地方特色（图3-59）。

构造类型按照正立面上柱子数量的不同，炉霍地区主要有单柱和双柱两种类型

（图3-58b，图3-58c，图3-60，图3-62a，图3-62b），而在道孚地区以单柱为主，但是在建筑底层，框架梁、柱外围砌筑一圈石砌围护墙（图3-58a，图3-61，图3-62c），在外观形制上更接近昌都等地方的藏式建筑风貌。

（a）底层石砌木构房

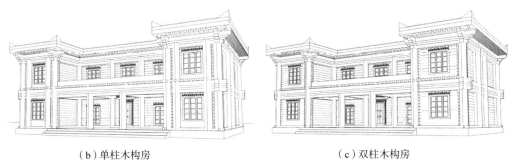

（b）单柱木构房　　　　　　　　　　　（c）双柱木构房

图3-58　各类木构架房屋示意图

构造方法具体如下：①在柱础或勒脚上部立木柱，木柱可以是单个的，也可以是双柱，对结构传力没有影响。木柱底面沿着连接木条铺设方向需要开挖"一"字形榫眼，转角处的木柱底部开挖成"十"字形榫眼，以便安装两个方向的连接木条。②楼面处，柱子与柱子之间安装梁件，这组梁件一般由2～3根方木组成，其中，最上部称其为楼板梁，常见规格300×200（mm）左右；下部称其为拐把子，

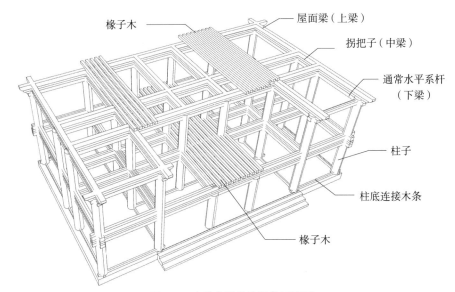

屋面梁（上梁）

拐把子（中梁）

通常水平系杆
（下梁）

椽子木

柱子

柱底连接木条

椽子木

图3-59　木构房屋构造组成示意图

一般规格200×200（mm）或150×150（mm）左右；当拐把子下部还有木梁构件时，称其为水平系杆，一般规格200×200（mm）。这组梁件上、下之间通过螺栓或钢筋连接，与木柱之间通过阴阳榫连接，梁件安装完成后安装椽望楼面构件。③屋面处一般由三根木梁组成梁件构件，其中屋面梁和拐把子可以是矩形的也可以是上下切平的圆木，木柱顶部为了方便安装梁件构件，需要开榫，榫的形式按照位置的不同有"丁"字形和"十"字形。④安装围护墙体。当墙体为木构墙体时，沿柱子内侧叠拼木板，端部位置，两个方向的木板交叉处通过上下凹槽插接连接（图3-62a，图3-62c）；当墙体为石砌墙时，一般沿梁柱框架外围砌筑墙体，这种方法将梁柱构件包围在墙体内侧，有利于保护构件不受雨水的侵蚀（图3-62c）。另外，当平顶屋盖上部需要加盖坡顶屋盖时，方法可参照本章第二节讲述的内容。

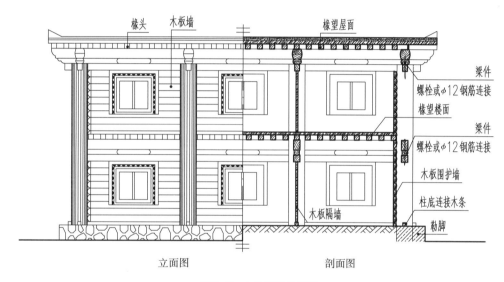

图3-60 木构房屋构造图

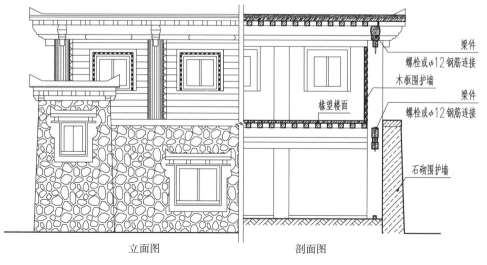

图3-61 底层石砌木结构房屋构造图

第三章 传统藏式建筑木作构造方法及构造技术

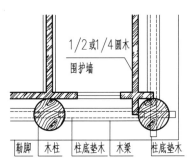

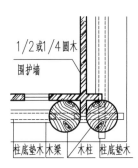

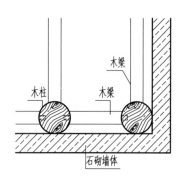

（a）单柱木构房构造图　　　　（b）双柱木构房构造图　　　　（c）底层石砌墙木构房构造图

图3-62　木构房屋节点构造图

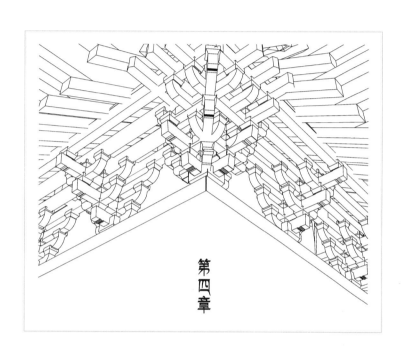

第四章

梁架构件制作与
安装技术

以典型的，平顶藏式建筑为例，梁架构件是由梁、柱、椽子木等组成的主要受力构件和边玛、曲扎、短椽等组成的配套构件或装饰构件组合而成，是平顶藏式建筑主要的梁架构件，也可以说是平顶藏式建筑主要的"大木构件组"。掌握好这一组构件的制作、安装技术，首先需要对整栋房屋的柱网布局、净高要求、室内高度的变化以及梁架构件的组合形式等设计内容要有一个非常清晰的认识，才能明确各类构件在不同位置的构造、连接方法等内容；其次，需要对各类梁架构件的常用尺寸要有一个清晰的认识，才能做好比例协调、符合传统形制的梁架构件。另外，如金顶类的坡顶屋盖以及纯木结构的平顶建筑，在制作梁架构件时，方法都是相同的，首先需要清楚地掌握上述这些内容，才能明确你所需要制作构件的形制和制作方法。

本书按照第三章所述的四种不同构造类别的传统藏式建筑，予以分述梁架构件的制作及安装技术。其中，如夏鲁寺类的坡顶、官式建筑，因为此类建筑除夏鲁寺外，没有典型的实例，但是夏鲁寺的梁架木构件目前无法详细勘察，导致很多构件的详细构造及尺寸现难以详细阐述，尤其隐藏在墙体内的柱子构造和形制；歇山山面的细部构造和木构形制以及脊梁顶面的形制和构造……均无法详述，所以本书的重点仍然以了解第三章所述的基本名称和构造为主。关于制作与安装技术，待以后如果有夏鲁寺揭顶施工，再次进行详细的勘察和补充。如果读者想了解相关内容，可参阅马炳坚老师的《中国古建筑木作营造技术》一书。

第一节　平顶建筑梁架构件制作与安装

▉ 一、备料和验料

备料和验料，是在工程开始之前，按照工程设计内容，准备木料并验收木料质量的工作环节。是保证各类构件顺利制作和制作完成后能够正常使用的重要前提，一般由负责总工程的木匠"乌钦"来完成这两项工作。

备料，在西藏地区，由于大部分地区木材资源不是很充足，而且刚砍伐的木材含水率普遍偏高，需要经过一定时间的晒干，使木材中多余的水分蒸发之后，才能符合使用要求。因此，如果有计划实施工程，一般需要提前一年备好所有的木料。那么，具体应该如何备料？或者说备多少根柱子？多少根梁？多少根椽子木？是需要按照设计内容经过计算的，方法是以"间"为单位，由木匠乌钦统筹计算整栋房子有多少半柱间（无柱房）、多少一柱间（一根柱子的房间）、两柱间（两根柱子的房间）、四柱间（四根柱子的房间）等不同房间，从而根据不同房间的数量，分别计算出不同类别的木构件数量、规格等备料清单。

如某单层住宅，计划修建5间房屋，其中有一间一柱间，4.1m×4.1m（净宽×净深）；三间两柱间，每间8.2m×4.4m（净宽×净深）；一间四柱间，8.2m×7.9m（净宽×净深）。那么，这栋房子所需要的梁架木料计算方法如下：

1.一间一柱间所需木料

①柱子1根，每根柱子安装一套弓木（含长弓木和短弓木）；②木梁2根，木梁顶面，两侧安装边玛、曲扎装饰木条，单排长度约4.1m，考虑到墙体内部埋深要求，每边加长0.05m，共需4.2m×2排＝8.4m；③椽子木选用120×140mm，中心间距270mm，按照直排式布置，铺满4.1m单排需要15根椽子木，共排2排，椽子木总计需要30根；椽子木下部安装短椽装饰构件，共15根；④屋面满铺望板，约16.81m²。

2.一间两柱间所需木料

①柱子2根，每根柱子安装一套弓木；②木梁3根；边玛、曲扎8.3m×2＝16.6m，计算方法同上；③椽子木同样选用120×140mm，中心间距270mm，按照直排式布置，铺满8.2m单排需要30根椽子木，共排2排，椽子木总计需要60根；短椽装饰构件30根；④屋面满铺望板，约36.08m²。

因为整栋房屋有三间两柱间，所以总共需要6根柱子；9根木梁；49.8m的边玛、曲扎装饰木条；180根椽子木；90根短椽装饰构件；108.24m²望板。

3.一间四柱间所需木料

①柱子4根，每根柱子安装一套弓木；②木梁6根，边玛、曲扎33.2m；③椽子木选用140×160（mm），中心间距340mm，按照直排式布置，铺满8.2m单排需要24根椽子木，共排3排，椽子木总计需要72根，短椽48根，望板64.78m²。

最后得出这栋房屋所需的梁架木料备料总清单如表4-1；另外，备料应考虑木料在墙体内的埋深长度以及木材加工过程中的损耗，所备木料应略大于实际规格，以备刨、锯等加工。同时，需要检查好木料有无开裂、虫蛀等缺陷，含水率能否满足要求。即做好验收木料的工作，古建类工程使用的材料验料内容及各项指标可参考本书第二章内容。

类别		一柱间（1间）	两柱间（3间）	四柱间（1间）	整栋房子所需备料总计
木柱		1根	6根	4根	11根
弓木		1套	6套	4套	11套
木梁		2根	9根	6根	17根
椽子木	规格120×140	30根	180根		210根
	规格140×160			72根	72根
短椽装饰		15根	90根	48根	153根
望板		约16.81m²	约108.24m²	约64.78m²	189.83m²
边玛、曲扎		8.4m	49.8m	33.2m	91.4m

某住宅梁架木料备料清单　　　　　　　　表4-1

二、柱类构件制作与安装

柱子是梁架构件中主要的竖向承载构件，作用是承担楼、屋面荷载并传递至柱础、地基。同时，柱子作为室外空间的组成部分，它的装饰功能也是非常明显的，是不可忽视的，当然，要实现这种装饰功能不仅需要依靠柱子本身的外观形制，还需要通过彩画、雕刻等方法来予以丰富。

柱子一般选用藏青杨、藏柏、落叶松（林芝松木）等木料来制作。当柱头为独立制作时，通常选用桃木等硬质材料，以便更好地承担柱头位置的集中应力，防止柱头开裂。需要注意的是，用于制作柱子的木料材质要满足相应质量控制标准（材质标准详本书第二章），制作完成的柱子必须要保证轴心受力。

（一）柱子类别、组成及常用尺度

1.柱子类别

传统藏式建筑所使用的柱子类别是多样的，但是，构造作法大同小异。常见柱子按照构造、平面轮廓以及使用位置等不同分类如下：

（1）按照柱头与柱身是否为整体制作，将柱子划分为：整体式柱子（柱身与柱头为整体制作）和独立式柱子（柱头单独制作）两种类型；

（2）按照柱身是否有收分划分为：收分柱和无收分柱两种类型；

（3）按照柱身截面形制的不同分为：圆形柱子、方形柱子、多边形柱子等（图4-1，图4-2）；

（4）按照使用位置和高度的不同划分为：普通柱子、通高柱子、门厅柱子以及墙内隐藏柱子等类型。

另外，在个别古建筑中有使用柱身分为三、四段的柱子，如托林寺三段式柱子"རིན་ཆེན་ཀ་བ།"（图4-1d），大昭寺经堂四段式柱子（图4-1e），但是这种柱子仅仅在个别

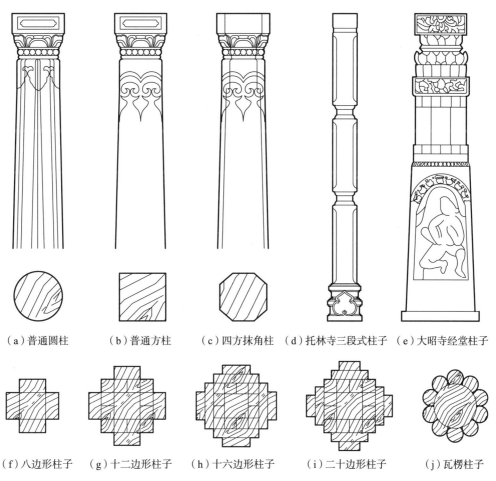

（a）普通圆柱　　　（b）普通方柱　　　（c）四方抹角柱　（d）托林寺三段式柱子　（e）大昭寺经堂柱子

（f）八边形柱子　（g）十二边形柱子　（h）十六边形柱子　（i）二十边形柱子　　　（j）瓦楞柱子

图4-1　不同类别柱子举例

古建筑中出现，因此，本书不予以详述。

　　2.柱子的各部位名称及常用尺度

　　柱子由柱础、柱身、柱头以及配套的加固构件组合而成（图4-3）。

　　（1）柱础是保护柱子底部，并防止柱子沉降的构件。一般由花岗岩类的石料来制作。

　　（2）柱身是柱子的主要组成部位，截面有圆形、方形以及多边形等。截面宽度一般从200～650mm不等。

　　（3）柱头由桑扎（斗身）、边玛（斗腰）、嘎玛三部分组成。常见桑扎宽度是柱子底部或未收分段柱身的宽度，高度是柱径或柱身截面宽度的一半。边玛宽度基本同斗身宽度，高度是斗身高度的2/3，但是也不是所有柱头都是符合这个尺度的，尤其古建筑中大型柱子的柱头尺寸普遍比上述尺寸要小。另外，当遇到门厅柱等截面直径或宽度很大的柱子时，可以按照实际情况予以适当缩小桑扎、边玛高度。

　　嘎玛是用于分开柱身和柱头的装饰线条，高度一般为20～70mm，可以按照柱子大小予以确定。

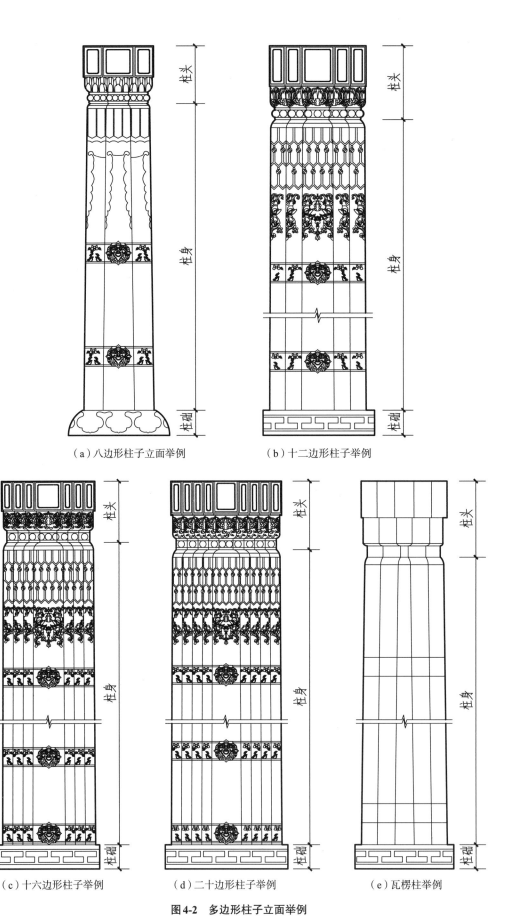

（a）八边形柱子立面举例　　　　　　（b）十二边形柱子举例

（c）十六边形柱子举例　　　（d）二十边形柱子举例　　　（e）瓦楞柱举例

图4-2　多边形柱子立面举例

○ 传统藏式建筑木作营造技术

④加固构件常见的有柱箍和木钉（木楔）两种。柱箍一般用于尺寸较大或者多边形柱子的柱身加固。木钉，同样使用于多边形柱子的加固和连接。

（二）柱子制作方法

1.使用工具

（1）手工工具：墨斗、直角尺、普通平刨、木框锯、斜凿等；

（2）电动工具：手提电刨、平刨床、电圆锯、台锯工作站、砂磨机具等。

2.普通圆柱制作方法

圆形柱子虽然不是传统藏式建筑最常见的柱子类型，但是在民居建筑或者在寺庙建筑中也是普遍存在的。当出现在寺庙类建筑时，大多使用于寺庙的附属建筑如回廊、库房等，很少使用于大殿、经堂等重要房间。圆形柱子的制作工艺普遍比较简便。按照柱头制作方法的不同，有整体式圆柱和独立式圆柱两种类型。具体工艺如下：

（1）毛料初加工：毛料初加工是将毛料（备料）按照实际尺寸去荒，坎切成规格材的工作。在传统的藏式建筑中，大多数圆柱表面圆滑要求不高，所以初加工也是比较简便的。但是当柱面

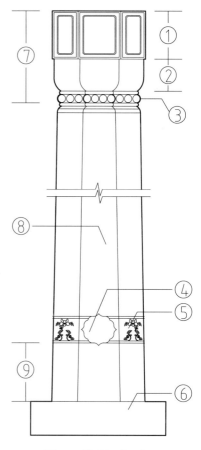

图4-3　柱子组成示意图

① 桑扎（斗身）　② 边玛（斗腰）
③ 嘎玛　④ 叶子　⑤ 柱箍　⑥ 柱础
⑦ 柱头　⑧ 柱身　⑨ 柱底
① སམ་ཟ（ཟེ་ཐེག） ② པད་མ（ཟེ་ཟེད）
③ སྒུ་མ　④ ལྔ་ལ　⑤ ཀ་ས¬ལ　⑥ ཀ་གདན（ཀ་གདན）
⑦ ཀ་མགོ　⑧ ཀ་གཟུགས　⑨ ཀ་ཞབས

圆滑要求较高时，可以在柱子两端绘制若干等分线，这种等分线是将柱子截面形制从不规则—四边形—八边形—十六边形—圆形的加工过程，具体如下。

①弹线正四边形：在圆木毛料两端弹出十字中线，十字中线尽量要均分，两端中线要互相重合，然后在毛料四面，沿十字中线平行方向弹出正四边形（图4-4a）；当木料有弯曲面时，应避免线条在弯曲区域或者先将弯曲面坎切成直线后再绘制各线；

②以正四边形线段L为一个单元，在每根线段L中心位置点线并连接形成正八边形，然后将八边形之外的木料（荒料）坎切，这样把不规则的毛料加工成了正八边形（图4-4b）；

③以八边形线段N为一个单元，将每根线段N等分成四等份，然后将端部的两两线段连接成十六边形，线段外部坎切之后把正八边形木料加工成了正十六边

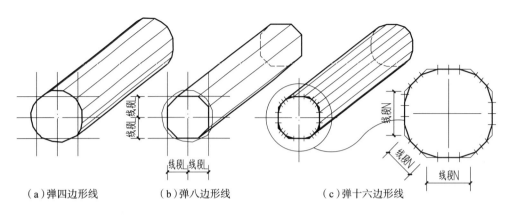

| （a）弹四边形线 | （b）弹八边形线 | （c）弹十六边形线 |

图4-4 圆柱制作示意图

形；再通过同样的方法加工成三十二边形……直至木料表面圆滑为止。

需要注意的是，圆形柱子制作时，柱身一般不会刻意地制作收分，常见的是在毛料加工时，树根（较粗位置）确定为柱子底部，较细位置确定为柱子顶部，从而会有自然的、细微的柱身收分。

（2）弹中线：以原有十字中线为基础，往柱身延伸中线，并弹出柱身中线；当原有十字中线不清晰时，需要在规格成材的两端重新弹出十字线确定柱子中心，并往柱身延伸弹出柱身中线；当弹线出现错误时，可以在错误的线条上打斜杠或者打叉来表示线条错误，然后重新弹线即可（图4-5）。

（3）以中线为基准画柱子其余线：当柱头为独立制作时，柱身段，把加工好的毛料进一步刨削光滑即可，不需要弹出更多的线和进一步的加工；柱顶位置，需要弹出暗销眼，暗销眼的常见尺寸是50×50（mm）（长 × 宽），深度约$70 \sim 80$mm，同时，为了美观以及良好的衔接柱头，一般要把柱顶面与柱身平面的转角位置切割成倒角，角度大小没有严格的规定，主要需要结合柱子本身的大小、高度等来确定。制作时，一般不会弹线定位，更多的是靠木工自身的经验，直接用斜凿制作（图4-6）。

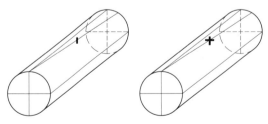

图4-5 弹线错误的表示方法　　图4-6 独立式圆柱示意图

当柱子为整体制作时，首先要弹出嘎玛定位线，然后要弹斗身、斗腰以及柱顶暗销眼定位线。斗身、斗腰以及暗销眼的尺寸大小可参考本书前面所述的内容。弹线时需要注意的是，所有要弹的线都是以柱子两端的十字中线和柱身延伸的中线为基准来弹线，不得以柱子的某边缘作为基准来弹线。如果按照柱子的某个边缘作为基准弹线，那么会出现因为柱子边缘不整齐而弹线不对称的现象。

（4）最后按照弹线位置锯截、加工，完成圆形柱子的制作。顺序是，第一步加工嘎玛；第二步制作斗腰和斗身；第三部开暗销眼（图4-7）。

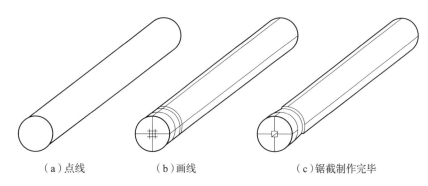

（a）点线　　　　　　（b）画线　　　　　（c）锯截制作完毕

图4-7　圆柱制作示意图

3.普通方柱制作方法

方形柱子是传统藏式建筑最常见的柱子类型，普遍使用于民居、寺庙、宫殿等各类建筑的各类房间，按照柱头构造的不同有整体式和独立式两种类型。制作方法如下：

（1）毛料初加工：方柱毛料加工时，先选择木料一端，用角尺绘制十字中线。然后以该十字中线为基准，引出柱身中线，同时将柱身中线延伸至柱子另外一端，绘制另一端的十字中线。最后以各个面的中线为基准，按照柱子长、宽、高等使用尺寸要求，画出各面坎切位置线，将多余材料坎切即可。需要注意的是，柱子两端和柱身中线的作用是确保柱面平顺、柱身笔直的重要前提。因此，绘制第一根十字中线前要把第一端面刮刨直顺、平滑；柱身四面延伸中线时，同样需要确保笔直，必要时，可以将柱子竖立，用铅坠吊线的方法来确保柱身是否笔直。

（2）弹中线：在砍削完成的柱面，以原有十字中线为基础，沿着柱身四面延伸中线，并弹出柱身中线；当原有十字中线不清晰时，按照前面所述方法，先选择一端重新绘制十字中线来确定柱子中心，然后往柱身四面和柱子另外一端延伸弹出柱身中线。当弹线出现错误时，可以在错误的线条上打斜杠或打叉来表示线条错误，然后重新弹线。

（3）以中线为基准画柱子的其余定位线：当柱头为独立制作时，需要做好柱身收分和柱顶暗销眼定位即可。方法是：①在柱子顶部，以十字中线为基准，按照柱身收分大小，点线确定柱子顶面，宽度，然后同柱子底部最外边缘连线，即为收分线。常见柱子收分大小为20～25mm，可以根据柱子大小、高度等情况，予以适当调整。②同样以十字中线为基准线，在柱子顶面绘制暗销眼定位线，暗销眼的常见尺寸是50×50mm（长×宽），深度约70～80mm，同时，为了美观以及良好的衔接柱头，一般要把柱顶面与柱身平面的转角位置要切割成倒角，角度大小没有

第四章　梁架构件制作与安装技术

严格的规定，主要需要结合柱子本身的大小、高度等来确定，制作时，一般不会弹线定位，更多的是靠木工自身的经验，直接用斜凿制作（图4-8上图）。

当柱子为整体制作时，需要画柱身收分和柱头各细部的定位线。方法是第一步按照已计算好的尺寸，画出嘎玛定位线来确定柱身和柱头分界线；第二步以嘎玛下线为界限，从柱子四面每边往中心收分2～2.5cm处点线，同时与柱子底部边缘线连线，确定柱身收分；需要注意的是柱子收分只有在柱身段才有，柱头位置不做收分，所以收分线一般不会弹柱头区域；第三步绘制斗身、斗腰以及暗销眼的定位线，尺寸大小可参考本书前面所述的内容。弹线时需要注意的是，除柱身收分线外，所有要弹的线都是以柱子两端的十字中线和柱身延伸的中线为基准来弹线，不得以柱子的某边缘作为基准来弹线，如果按照柱子边缘弹线，那么会出现因为柱子边缘不整齐而弹线不对称的现象。

另外，中、大型房屋梁架安装时，为了方便移动和调整柱子安装位置，有时，在柱子底部，沿着弓木平行方向的柱底两侧，需要凿开约50×50×30（mm）（宽×高×深）的洞口（藏语名为ཧར་བུ་），作用是方便插入支撑构件并调节柱子安装位置。如果需要凿开此洞口，还需按照尺寸大小，以柱身中线为基准，绘制洞口的定位线。

（4）最后按照弹线位置锯截、加工，完成普通方柱的制作。顺序是，第一步加工嘎玛；第二步制作柱身收分；第三步制作斗腰和斗身以及暗销眼等；最后柱底开凿（图4-8下图）。

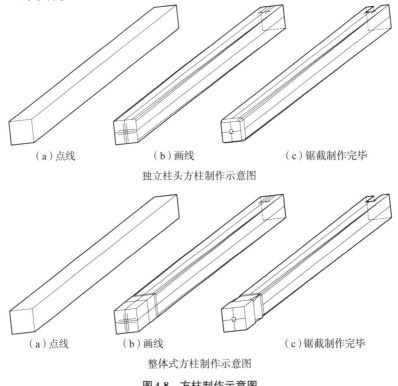

（a）点线　　　　　　（b）画线　　　　　　（c）锯截制作完毕

独立柱头方柱制作示意图

（a）点线　　　　　　（b）画线　　　　　　（c）锯截制作完毕

整体式方柱制作示意图

图4-8　方柱制作示意图

4.四方抹角柱制作方法

方形柱子的四个转角加工成弧形就变成四方抹角柱。这种柱子在传统藏式建筑中也是比较常见的，优点是所有棱角倒成弧形，可以减小人磕碰之后的危险，同时起到美观的作用。制作方法是按照上述方形柱子的制作方法，把柱身、柱头等主要位置加工完成后，最后按照柱子大小、高度等实际情况，把转角位置刨削成弧形。弧度大小没有严格规定，主要还是靠木工自身的经验来确定。

5.通高柱子制作方法

位于房屋室内，两层或三层通高位置使用的柱子称之为通高柱。常见于宫殿、寺庙、庄园等中、大型建筑的室内天井、采光天窗等位置。通高柱因为需要两层或三层的高度，所以，通常情况下，由2～3根木柱连接而成，截面形状常见的有正方形或四方抹角柱两种类型。本书以正方形为例，制作方法如下：

（1）毛料加工并拼接木柱：按照本书前面所述方形柱子毛料加工方法，将2根柱子分别予以粗加工。然后选择一面确定为连接面，并从A、B两根柱子连接面的两侧，错开挖掉一半，保留一半，同时通过插接的方法将两根柱子拼接成整体。最后用通长木楔（ཤིང་གཟེར།）将两根柱子连接处进行加固，完成通高柱的拼接工作（图4-9）。两根柱子连接长度（搭接长度）一般为700～800mm。

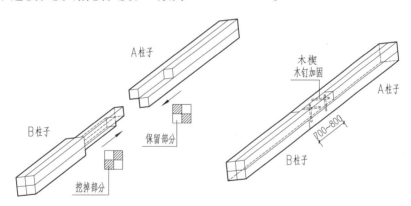

图4-9 通高柱子连接示意图

（2）弹中线：两根柱子连接完成后，按照前面所述方法，先选择柱子一端重新绘制十字中线确定柱子中心，然后往柱身四面和柱子另外一端延伸弹出柱身中线。需要再次强调的是，柱子两端和柱身中线绘制是否笔直，直接影响柱子加工是否笔直。尤其在通高柱子制作时，如果出现弯曲柱子，存在很大的安全隐患，因此，一定要确保中线笔直。必要时，可以将柱子竖立，用铅坠吊线的方法来确定弹线是否笔直。

（3）以中线为基准画柱子其余定位线：当柱头为独立制作时，需要做好柱身收分和柱顶暗销眼定位以及柱顶面与柱身平面的转角位置的倒角等工作，通高柱子的收分大小一般为25mm左右，可以适当放大。暗销眼的大小一般为50×50mm（长×

宽），深度约70～80mm。放线方法同方形柱子放线方法。

当柱子为整体制作时，以嘎玛为界限先要将柱身和柱头分开，然后在柱身段画收分线。柱头位置细化斗口、斗腰、嘎玛等定位线。弹线时需要注意的是，除柱身收分线外，所有要弹的线都是以柱子两端的十字中线和柱身延伸的中线为基准来弹线，不得以柱子的某边缘作为基准来弹线，如果按照柱子边缘弹线，那么会出现因为柱子边缘不整齐而弹线不对称的现象。

（4）最后按照弹线位置锯截、加工，完成通高柱子的制作。顺序是，第一步加工嘎玛；第二步制作柱身收分；第三步制作斗腰和斗身以及暗销眼等。

6.多边形柱子（门厅柱子）制作方法

多边形柱子可以说是普通方形或圆形柱子的一种演变，因为在交通不便利的旧时期，大型木料运输比较艰难，再说以拉萨为主的西藏大部分地方，本身的木材资源也不是很充足，所以当需要使用高、宽尺寸比较大的木柱时，聪明的木匠们就想到了将几根小的木柱捆绑在一起可以满足任何尺寸的柱子需求，从此就有了多边形柱子。

多边形柱子常用于宫殿以及寺庙等中、大型建筑的门厅位置，因此，也可以称其为门厅柱子。特点是因为有几根木柱捆绑在一起，一方面满足了良好的承载要求，另一方面，同普通柱子相比，柱子的尺寸更加高大，柱子外观形制更加富有变化，同宏伟的藏式建筑相结合，能够创造很好的艺术效果。

常见多边形柱子按照柱子平面边数的不同有八边形柱子、十二边形柱子、十六边形柱子、二十边形柱子等，制作方法分别如下。

6.1 八边形柱子制作方法

八边形柱子是由一根柱心（中心柱子）和柱心四边成圈安装的四根大小相同的小柱子捆绑组合而成。其中柱心藏语名为"ཀ་བའི་སྙིང་པོ" "ཀ་སྙིང"，外围圈柱藏语名为"ལན་ཀ"。制作时要按照由里到外的顺序，先制作柱心，然后制作圈柱，最后组合捆绑并进行加固。具体方法如下：

（1）柱心制作方法

柱心的主要作用是稳定木柱，为外围圈柱的安装和固定提供骨架，同时为柱身收分奠定基础，但是柱心本身被外围圈柱包裹在里面，所以没有特殊的造型或艺术要求。制作方法基本同方形柱子的制作方法相同，但是因为多边形柱子的柱心从外面是看不到的，所以在柱顶面与柱身平面的转角位置不用倒角，只需要做好柱身收分即可。收分大小一般为25mm左右，可以适当加大或缩小。另外，因为大多数多边形柱子柱头为独立制作，同时柱心本身没有区分柱身和柱头位置，所以收分时，不用刻意地区分柱头和柱身，将柱子从底到顶全身段制作收分即可。最后，为了方便安装弓木，柱顶位置需要做暗销眼。

需要特别注意的是，柱身四面因为要安装外圈柱，所以必须要光滑平整，不得有突兀、不平整现象（图4-10）。

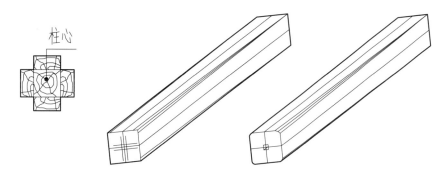

图4-10 柱心制作示意图

（2）外围圈柱制作方法

外围圈柱是通过木楔、柱箍等构件绑扎固定在柱心四面，所以需要注意的是①圈柱柱身的收分问题。一般情况下，圈柱的左右两面，需要制作同柱心相同大小的收分，如果没有制作收分，会出现圈柱与柱心无法紧密连接的现象，尤其圈柱宽度较大时，更会出现柱心与圈柱柱头位置空洞而无法连接的现象，不仅影响美观，同时也影响安装；圈柱的内、外两个面，一般不需要制作收分，因为圈柱安装在柱心四面后，可以通过柱心的收分，来达到整体柱子收分的效果；但是当柱心收分不合适时，可以在圈柱朝外侧的一面制作适当的收分，但是这种做法较为少见。②当柱头为独立制作时，圈柱柱子顶面，朝外侧的三个面与柱身平面的转角位置需要做弧形倒角。另外，因为多边形柱子柱头斗与柱心连接固定，所以圈柱柱顶不用制作暗销眼。③当柱身和柱头整体制作时，只在柱身段做收分，柱头位置不用做收分，但是这种做法在后期安装的时候调试麻烦，制作工艺也比较繁杂，所以一般情况下柱头都是独立制作的，很少有整体制作的多边形柱子（图4-11）。

（3）组合、捆绑、加固

将制作好的圈柱在柱心四面指定的位置进行预安装，如果位置没有问题，就用通长木钉（木楔）固定在柱心四面。需要注意的是木钉不得横平竖直的固定在柱身上，应该要呈一定角度打入并固定在柱身上，这样可以避免木钉年久松动而脱落现象，同时保证在柱心柱身上有一定的锚固作用。

木钉固定工作完成后用柱箍进行进一步的绑扎加固。一般在柱身绑扎的柱箍不得少于两处，当柱子尺寸较大时，可以有3～4处柱箍（图4-12）。

6.2 十二边形柱子制作方法

十二边形柱子大多是柱头和柱身分开来制作的，所以本书以独立式为例，介绍基本的制作方法。确需整体制作时，制作方法可参照八边形柱子制作方法。

常见十二边形柱子制作方法有两种。一种是由柱心和一圈圈柱组合的十二边形

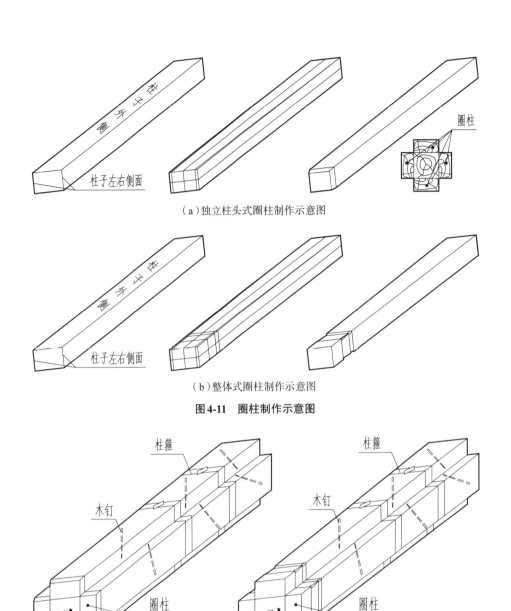

（a）独立柱头式圈柱制作示意图

（b）整体式圈柱制作示意图

图4-11　圈柱制作示意图

（a）独立式八边形柱子

（b）整体式八边形柱子

图4-12　八边形柱子组合示意图

柱子（图4-13a），这种组合方法是通过柱心来制作柱身四个边角，然后通过外围一圈圈柱来制作剩余八个边角，制作方法与八边形柱子制作方法类似。另外一种是由柱心和两圈圈柱组合的十二边形柱子（图4-13b），这种组合方法是以柱心为骨架，先在芯柱外围四面用十二根小柱子围合成第一圈圈柱；然后在第一圈圈柱外围，安装比第一圈圈柱宽度大一倍的四根柱子，形成第二圈圈柱。第一圈圈柱的作用是加大柱子截面面积，制作柱身边角，同时为第二圈柱子的安装提供基础；第二圈圈柱的作用是进一步加大柱身截面，同时制作边角，丰富柱身立面效果。

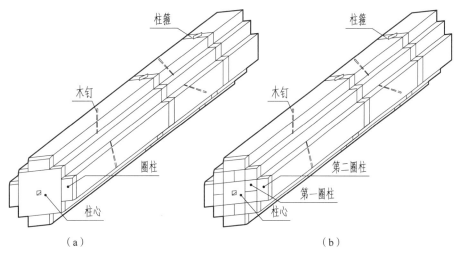

图4-13　十二边形柱子制作示意图

以两圈圈住的十二边形柱子为例，要按照由里到外顺序来制作，需要注意的是：①柱心作为主要的骨架，制作时截面不宜过小，柱身四面均需要制作收分，柱顶要制作安装柱头用的暗销眼。②第一圈圈柱制作时，隐藏在第二圈柱子背后的小柱子均不需要制作收分，柱顶面与柱身平面之间的转角位置也不需要倒角。反之，能从外侧看得到的柱子，在看得到的柱面与柱顶面之间要弧形倒角，柱身按照柱心收分大小，需要制作收分。③第二圈柱子制作方法同八边形柱子外圈柱的制作方法相同。④最后将制作完成的几圈木柱进行预安装，安装无误后用通长木钉把第一圈柱子固定在柱心上。然后再把第二圈柱子固定在第一圈柱子上。最后用柱箍绑扎固定，完成十二边形柱子的制作。

6.3　十六边形和二十边形柱子制作方法

以独立式为例，常见十六边形柱子制作方法有两种（图4-14）。制作方法同其他多边形柱子大同小异。制作原则是，柱心作为主要骨架和连接柱头，以及制作柱身收分的构件，要满足承载、安全和艺术要求。外围圈柱制作时，只要是外露的边

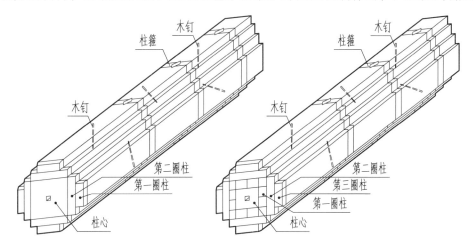

图4-14　十六边形柱子制作示意图

角，都需要制作外露面的收分和柱头处理。没有外露位置不需要制作任何收分和柱头处理。另外，所有圈柱，朝内侧和外侧的两面均不需要制作收分。只要掌握这些原则，不管是十六边、二十边还是更多边数的柱子，制作都问题不大。

7.独立式柱子柱头制作方法

柱头的作用是承受弓木传递的荷载，同时作为柱子装饰的重要位置，同柱身结合，通过彩画、雕刻等方法来达到精美的柱子装饰效果。

柱头的制作方法按照前面所述，可以同柱身一起制作，但是当一起制作时，因为柱头位置是柱子应力最为集中的地方，如果使用普通木材，容易出现开裂现象，从而影响柱子的使用。另外，因为柱头位置造型较为复杂，如果整体制作，加大了加工难度。所以，独立制作更加方便柱头加工。当独立制作柱头时，通常会把柱头木料更换为桃木等硬木材料，这样有利于承载，并且可以有效地避免柱头开裂现象。

常见柱头是由桑扎（斗身）、边玛（斗腰）、嘎玛3个部分组成，但是也有比较特殊的柱头，如拉萨大昭寺柱头为方形，没有区分上述这些组成位置（图4-1e）。吉隆县卓玛拉康柱头没有嘎玛装饰线条，柱头近似方形，但是又因为底部有边玛装饰，所以整体看似斗（图4-15a）；阿里托林寺柱子的柱头和柱身是一起制作，并且同柱身一起雕刻装饰，所以没有刻意的制作嘎玛装饰线条（图4-15b）；拉萨吉彩洛定柱子同样是柱头和柱身一起制作，所以斗身和斗腰整体看似方形，但是又通过雕刻图案的变化，可以明显地区分桑扎和边玛位置（图4-15d）……本书以常见柱头为例介绍独立柱头的制作方法。

独立制作柱头时，柱头宽度应略小于柱身截面最大处的宽度。一般为柱身最大截面宽度的8/10～9/10，但是如某些多边形柱子的柱身截面非常大时，只要满足美观和承载要求，可以适当地减小柱头宽度。另外，在制作时，因为柱头是在柱身和弓木之间，所以除构件本身的外观形制外，还需要制作底面和顶面，同柱身和弓木连接的暗销构造。常见的不同柱头制作方法如下。

7.1 四边形柱头制作方法

四边形柱头制作时，第一步是需要找一块比实际柱头大一点的木料，将木料表面初步刨光后，在其前、后、上、下、左、右六面弹中线。第二步以各面中线为基准线，在柱头各面画出桑扎、边玛和嘎玛等的高度和收分（弧线）定位线。各部位高度和宽度方向的尺寸可以参考本书前面所述的尺寸。边玛段，弧形收分大小常见的是斗腰高度的6/10～7/10，当边玛位置有雕刻装饰时，可以结合雕刻图案予以灵活调整。当没有雕刻装饰时，一般做成弧形。嘎玛高度一般为20～70mm，制作时常见的是从边玛底部至柱头最底部制作成弧形，然后在饰面做嘎玛、长城等符号的雕刻或彩绘装饰。第三步是在柱头顶面和底面制作暗销眼。暗销眼常见尺寸为50×50×80（长×宽×深），制作时以中线为基准线，画出暗销眼定位线，用凿挖

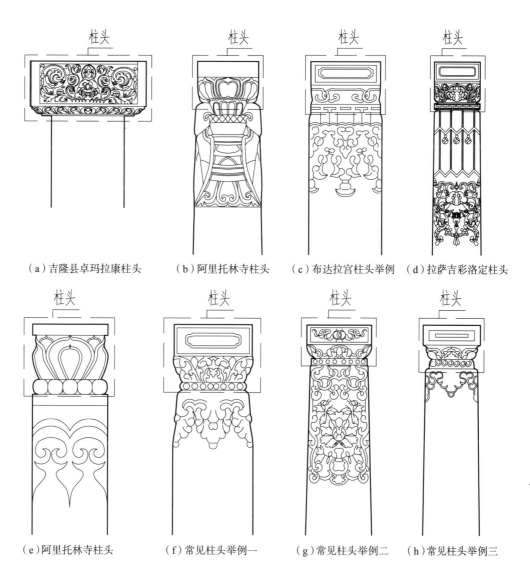

（a）吉隆县卓玛拉康柱头　　（b）阿里托林寺柱头　　（c）布达拉宫柱头举例　　（d）拉萨吉彩洛定柱头

（e）阿里托林寺柱头　　（f）常见柱头举例一　　（g）常见柱头举例二　　（h）常见柱头举例三

图4-15　不同柱头举例

眼，最后按照柱头实际尺寸，主要在柱头顶面和底面进行精细刨光，完成四边形柱头的制作（图4-16）。

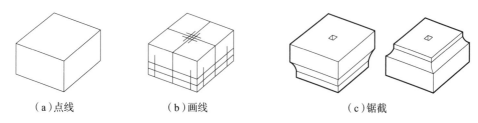

（a）点线　　　　　　（b）画线　　　　　　　（c）锯截

图4-16　四边形柱头制作示意图

7.2　多边形柱头制作方法

多边形柱头是使用于多边形柱子的柱头类型，柱头边数是要与柱子边数相同。如柱子为八边形时，柱头也是八边形；柱子为十六边形时，柱头也是十六边形。制作方法基本同四边形柱子，但是因为多边形柱头的面数比较多，所以在画定位线时，按照边数，需要画所有边的长、宽定位线。需要注意的是，所有定位线是以中线为基准线来画，不得以某个边作为基准线来画定位线。另外，虽然多边形柱子是由若干个木柱组成的，但是同柱头连接时，只与柱心连接，所以，在柱头制作暗销眼时，顶面和底面，中心位置各开一个暗销眼即可（图4-17）。

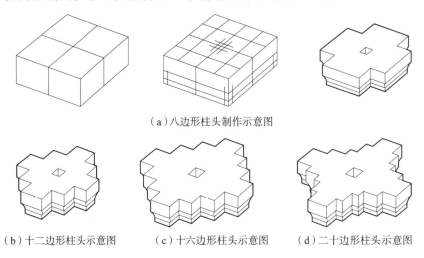

（a）八边形柱头制作示意图

（b）十二边形柱头示意图　　（c）十六边形柱头示意图　　（d）二十边形柱头示意图

图4-17　多边形柱头示意图

（三）柱子组装

柱子的组装主要包括柱身与柱头的组装以及柱子和柱础的连接这两项工作。其中柱头与柱子的连接工作是只有在独立制作柱头时才有的，方法是在柱头底面和柱身顶面已经开好的暗销眼内插入连接木销即可，常见的连接木暗销长度一般为140～160mm，截面宽度基本同暗销眼的宽度。柱子底部与柱础之间的连接构造，按照传统的做法是不需要做任何工作，只需将柱子牢固的固定在已固定好的柱础顶部即可（图4-18a）。但是在现阶段，为了连接更加牢固，也会使用暗销连接的方法，当暗销连接时需要注意的是①为了保证柱础的稳定性，柱础在地面以下的埋置深度不宜小于200mm。②柱子底部和柱础顶部中心位置要开挖暗销眼，暗销眼在

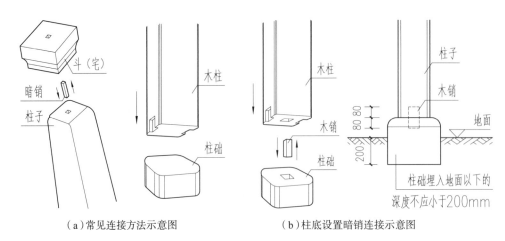

（a）常见连接方法示意图　　　　（b）柱底设置暗销连接示意图

图4-18　木柱安装示意图

各面的深度一般为80mm，长、宽为60mm左右；然后在暗销眼内插入连接木销，木销的截面尺寸宜稍微小于暗销眼的孔径，以便在轻微外力作用时木销有一定的活动空间，不会轻易折断而失去连接（图4-18b）。

■ 三、弓木制作与安装

（一）概况

弓木是位于梁、柱之间的联系和传载构件，同时也是重要的装饰构件，是传统藏式建筑具有代表性的木构件之一。弓木的发展从现存实物分析，历经单层到双层的发展；简易曲线向有规律曲线的发展；宽而短的构件向窄而长的构件发展（主要指弓木两端部）等过程。总的来说，是向着后期比较流行的"甲布赤旭"弓木方向发展的。但是关于弓木的年代断代问题，因为很多建筑存在重建、维修、更换构件等现象，如果按照精确时间来分段那是相当困难的，所以本书以宿白先生《西藏寺庙建筑分期试论》一书中有关弓木的发展叙述为基础，结合现存实物，简易地将西藏地区弓木划分为卫藏地区和10至16世纪阿里地区弓木两大类，列表示意发展演变过程，供读者参考（表4-2、表4-3）。

传统藏式建筑弓木发展简表一（卫藏地区寺院类建筑） 表4-2

序号	遗址名称	典型弓木及位置（一）	典型弓木及位置（二）	大致年代	特征
1	大昭寺	中心佛殿		公元7—9世纪（吐蕃王朝）	1.单层弓木；2.形似方形，但底部两端有简易曲线；面饰雕刻装饰
2	扎囊扎塘寺	佛堂后壁		公元10—13世纪前半叶（分裂割据时期）	1.有单层和双层弓木之分；2.弓木底部出现多曲弧线，个别曲线特殊；3.出现了一斗三升承托弓木的组合构件
3	萨迦北寺	邬孜大殿底层弓木（早期）	邬孜大殿上层列朗殿（早期）		
4	大昭寺	中心佛殿后壁正中小室高起位置			

序号	遗址名称	典型弓木及位置（一）	典型弓木及位置（二）	大致年代	特征
5	萨迦北寺	邬孜大殿底层弓木（晚期） 宣旺确康	邬孜大殿上层列朗殿（晚期）	公元13世纪后半叶至14世纪末（元，萨迦地方政权时期）	1.普遍使用双层弓木； 2.开始有规律地出现曲线； 3.长弓木开始有后期比较流行的"甲布赤旭"的基本形制，但最端部大多为弧形； 4.短弓木曲线形制较晚期，差别明显； 5.个别地方弓木上、下两面出现重复的曲线雕刻；也有雕刻动物的弓木
6	乃东玉意拉康	佛堂弓木			
7	桑耶寺	外廊较早时期弓木			
	吉隆	庭院	庭院		
8	卓玛拉康	庭院	庭院		
9	哲蚌寺	措勤大殿（早期）		14世纪末至17世纪（明，帕竹地方政权时期）	1. 长弓木两端有弧线和斜线两种类型，同时弓木端部向两端延伸，显得瘦长； 2. 短弓木向外鼓出的角度变小
10	甘丹寺	阳拔建经堂			
11	白居寺	第一层后佛塔 经堂	第二层后佛堂		
12	色拉寺	吉扎仓			
13	泽当寺则措巴	门廊	经堂		
14	扎什伦布寺	吉康查仓门廊内侧	吉康查仓门廊外侧		

传统藏式建筑木作营造技术

序号	遗址名称	典型弓木及位置（一）	典型弓木及位置（二）	大致年代	特征
15	色拉寺	吉查仓（晚期）			
16	哲蚌寺	古玛查仓门廊			
17	朗色林	三层门廊			
18	敏珠林寺	祖拉康 / 桑俄坡章	祖拉康	17世纪50年代至18世纪前半叶（清前期，噶丹坡章地方政权时期）	1. 主要为双层，大多为"甲布赤旭"形制； 2. 长弓木两端斜线更加明显； 3. 短弓木高度适当加大
19	布达拉宫	长弓木 / 长弓木 / 短弓木	长弓木 / 短弓木		
20	功德林				
21	甘丹寺	阳拔建经堂天井下柱头弓木		18世纪后半叶—20世纪（清后期）	1. 基本沿袭前段弓木发展特征
22	哲蚌寺	德囊查仓			

另外，弓木在西藏地区的发展过程中，一方面受到了中原地带汉地建筑的影响，产生了如大昭寺中心佛殿后壁正中小室高起位置，一斗三升承托弓木的组合构件（据宿白先生推断，该斗栱属西藏最早引用内地斗栱的实例，参考内地斗栱实例，该处建造年代应该晚于11世纪前期）。另一方面，随着藏传佛教后弘期的开始以及古格王朝、贡唐王朝等地方割据的出现，在西部阿里、吉隆等地方，尤其在西部阿里地区，公元10至16世纪古格王朝期间，与尼泊尔等邻国之间存在诸多交流，

○ 第四章 梁架构件制作与安装技术

传统藏式建筑弓木发展简表二（公元10-16世纪阿里地区寺院类建筑） 表4-3

序号	遗址名称	典型弓木及位置（一）	典型工及位置（二）	大致年代	总体特征
1	托林寺	单层弓木		公元10—11世纪	1.弓木有双层和单层； 2.长弓木有类似卫藏地区弓木形制，但是弓木顶面普遍采用边玛图案雕刻装饰； 3.大多弓木曲线更加丰富，雕刻更加复杂； 4.长、短弓木两侧有如花瓣雕刻
2	科迦寺	单层弓木			
3	托林寺	双层弓木	短弓木	公元15—16世纪	
		双层弓木	短弓木		
		双层弓木			
4	古格遗址	单层弓木			

所以弓木类木构件的制作，受到了印度、尼泊尔建筑技术的影响。与当时卫、藏等西藏腹地的弓木形制区别较大，但是在之后的发展过程中，阿里地区受到卫藏地区的影响更大，尤其近现代的民居建筑。无论风格还是营造技术，都与日喀则的建筑风格大同小异，木构件也是基本相同的。同时，在日喀则西部的吉隆地区，如13世纪修建的卓玛拉康出现了一半雕刻有狮子的小众弓木，这类弓木的做法同大昭寺经堂梁架上的狮身人面木雕装饰构件有相似之处，估计也是受到了印度、尼泊尔建筑的影响。

（二）弓木制作方法

1.使用工具

（1）手工工具：墨斗、直角尺、普通平刨、木框锯、大斜凿、钢丝锯等；

（2）电动工具：手提电刨、平刨床、电圆锯、曲线锯、砂磨机具等。

传统藏式建筑木作营造技术

2.典型长弓木的制作

2.1 典型长弓木曲线组成及基本尺寸概述

典型长弓木即"甲布赤旭"弓木，是传统藏式建筑使用最为普遍的长弓木类型。它的曲线是需要结合弓木饰面的雕刻或彩画的装饰图案来制作的。常见的饰面装饰图案包括四个内容，这四个图案在民间的比喻如下：犹如国王坐王座（图4-19①）；酷似妃子下命令（图4-19②）；像是大臣正祈请（图4-19③）；似是大象展獠牙（图4-19④）（རྒྱལ་པོ་ཁྲི་ལ་བཞུགས་པ་འདྲ།　བཙུན་མོ་དཀར་གཏེར་གྱིད་པ་འདྲ།　བློན་པོ་ལུ་བ་འཇེན་པ་འདྲ།　གླང་ཆེན་མཆེ་བ་སྟོན་པ་འདྲ།）。

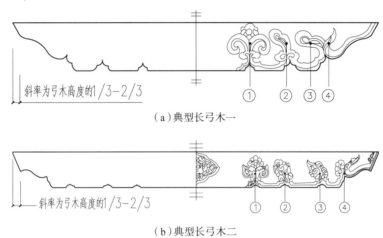

图4-19 典型长弓木举例

上述四个图案在弓木饰面绘制时，图案之间的间距、大小都没有严格规定，是需要靠工匠的经验和弓木的长短高低来确定的。制作时，通常情况下，将上述四个图案分成三组，这三组图案对应的弓木底面需要凿开类似"⌢⌣"型的曲线共3个（图4-19a）。但是当弓木长度比较长时，也有将4个装饰图案独立绘制的弓木，这时在4个图案下部，需要凿开共4个"⌢⌣"形曲线装饰（图4-19b）。

关于长弓木的长宽尺度问题，首先，为了满足结构受力，长弓木从轴线至弓木端部的长度，一般要满足梁跨的30%～40%，如果弓木长度过短，会出现梁中部弯曲的现象；长弓木的高度，一般为210～240mm，但是当使用于如门厅大柱子时，弓木高度可以加高之400mm左右；长弓木的宽度，一般同木梁宽度或比木梁宽度每边要宽5～10mm，比短弓木宽度，每边要小5～10mm。另外，关于长弓木两端的斜线制作方法，据"木匠乌钦"介绍，斜率为弓木高度的2/3，但是经过实际测量验证，也有大量的弓木斜率在高度的1/3～2/3之间，因此，斜率基本可以保持在1/3～2/3之间（图4-19）。

2.2 典型长弓木制作方法

长弓木制作时，需要了解除上述装饰图案和斜率的概念之外，还需要了解长弓木同上、下构件之间的连接方法；常见的连接方法是暗销连接；需要注意的是，长弓木与下部短弓木之间的连接必须要稳定、牢固；同上部木梁之间的连接一般不会特别牢固，主要是为了适应木梁与弓木（柱子组）之间，在外力作用时，有一定的移位和形变空间。了解这些概念之后，可以开始制作长弓木，具体方法如下：

（1）选择一块比实际使用尺寸略大的木料，从木料一端开始，用角尺绘制十字中线，然后以该十字中线为基准，引出各面中线，最后以各个面的中线为基准，确定使用尺寸并弹出木料边缘线，将多余材料坎切刨光，即木料初加工。

（2）在砍削完成的木料各面，补绘各面中线，然后以弓木饰面上的中线为基准线，第一步确定弓木顶部宽度（点线即可），然后按照上述1/3～2/3的收分斜率，在弓木底部点线确定弓木两端的收分斜率，并将两点连线确定弓木两端的收分斜线；第三步在弓木饰面绘制曲线，确定弓木底面各处曲线位置（该工作要靠工匠自身的经验来绘制）；第四步用手工锯子锯截弓木两端斜线，同时用斜凿开挖弓木底面曲线，完成长弓木基本形体的制作。

（3）最后在弓木顶面，以中线为基准线，绘制并制作连接暗销头（暗销头的长宽尺寸一般为15～20×30～40mm；高度一般为40mm左右）。弓木底面需要制作暗销眼（图4-20）。

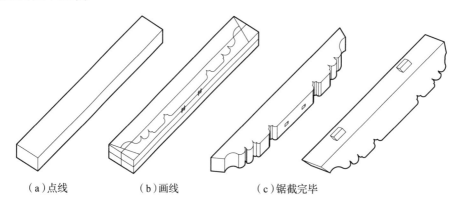

（a）点线　　　　（b）画线　　　　（c）锯截完毕

图4-20　长弓木制作示意图

3.典型短弓木制作方法

典型短弓木同长弓木一样，弓木形制是要结合饰面图案或雕刻的装饰构件来制作的。常见短弓木两端各有两弧曲线和一处"ʃ↘"造型（图4-21c），但是在较早时期，或者使用于次要房间的弓木，也有比较简易的曲线形制（图4-21c左上）。

短弓木的长度，一般为长弓木长度的1/3～1/4，但是如门厅大柱子使用的弓木，可以根据实际情况予以适当地加大长度；在库房、回廊等，次要房间使用的弓木，可以适当地缩小长度；短弓木高度一般为140～250mm，同样根据实际情况可以适当调整（短弓木高度最小的有60mm，最大的有350mm左右）；短弓木宽度，一般要大于长弓木两侧宽度5～10mm。另外，短弓木两端不同于长弓木，没有明显的斜线，也没有斜率之类的规律。

短弓木的制作方法基本同长弓木的制作方法，但是因为短弓木两端没有斜线和斜率要求，所以把木料初加工完成后，以各面中线为基准，绘制弧线和暗销眼定位线，然后用斜凿、钢丝锯等工具，直接锯截、开凿、制作曲线即可。另外，因为短弓木下部连接的是柱头，所以在弓木底面只需要开设一个暗销眼（暗销眼的大小一般为50mm×50mm×80mm），需要注意的是，短弓木顶面暗销头的位置与长弓木底面暗销眼的位置要相对应；底面暗销眼的位置必须保证在弓木正中间，以免在安装时出现侧偏现象，影响美观和承载。

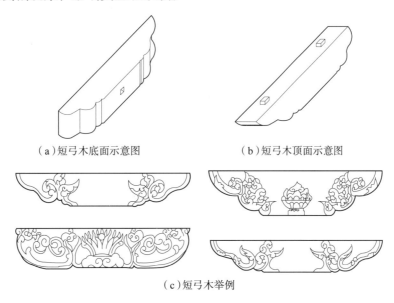

（a）短弓木底面示意图　　　　　　（b）短弓木顶面示意图

（c）短弓木举例

图4-21　短弓木示意图

四、梁类构件制作与安装

（一）梁的基本组成及类别

梁是位于长弓木上部的横向承载构件，作用是承接椽子木荷载并均匀地传递至柱子。梁的类别按照截面形制和使用位置的不同分类如下：

1.按照截面形制的不同，有方形（矩形）梁和圆形梁两种类型。方形梁又根据构造组成或外观形制的不同，分为无梁垫、梁盖的方形梁（图4-22a）和有梁垫、梁盖的方形梁（图4-22b）两种类型。这两种类型的方形梁都普遍使用于各个地方，是藏式建筑应用最为广泛的梁的类型。圆形梁大多使用于次要房间，所以一般都是粗加工而成，若需精细加工，可参照圆形柱子的制作方法。另外，在个别古建筑中有较为少见的组合梁，这种组合梁是把粗加工的圆木上下两面削平，然后在其上、下两面用木板增加梁垫和梁盖构造的梁（图4-22c），这种组合梁的制作方法比较简便，而且非常少见，所以本书不予介绍。

2.按照使用位置和功能的不同，有普通梁、臂梁、连接梁以及雨棚等位置的十字交叉梁等类型。

（a）常见矩形梁一　　　（b）常见矩形梁二　　　（c）特殊组合梁

图4-22　短弓木制作示意图

①梁盖 ②梁身 ③梁垫 ① གདུང་ལེབ་མ། ② གདུང་ག ③ གདུང་གདན།

（二）有梁垫、梁盖普通梁的制作方法

1.使用工具

（1）手工工具：墨斗、直角尺、普通平刨、边刨、木框锯、手持板锯等；

（2）电动工具：手提电刨、平刨床、电圆锯、砂磨机具等。

2.制作方法

普通梁是在整组梁架中位于中间部分的梁。制作前我们需要了解普通梁的各类连接构造，包括梁与梁之间的横向连接构造和梁与长弓木之间的竖向连接构造两个内容。

（1）梁与梁之间的横向连接方法，常见的有如图4-23a所示的阴阳榫连接构造。这种方法连接时，需要注意的是①榫头和榫眼两侧的平面要制作成斜面（图4-24a），并且相邻两根梁的梁端斜面是要对立的，然后在安装时，梁与梁之间形成的空隙，是用于"地面摆样"时插入手持板锯并锯截多余木料之用（地面摆样是梁架正式安

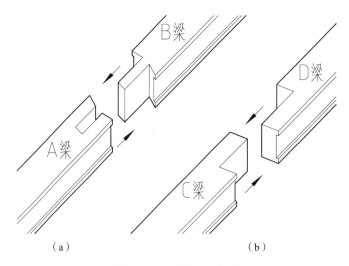

（a）　　　　　　　　　　（b）

图4-23　木梁连接示意图

装前的一种传统工艺，具体工艺详见本节第六部分内容。虽然现已经不再做该工艺，但是阴阳榫的制作方法基本保留原有做法）。②榫头和榫眼制作时，为了便于安装，同时在"地面摆样"时保证有一定的上、下活动空间，榫头长度要略小于榫眼深度（一般小于20mm左右）。

除上述阴阳榫连接方法之外，还有一种连接方法是如图4-23b所示，类似企口连接，这种连接方法不多见，但是也有。使用这种方法连接时，需要注意的是为了防止梁架安装之后出现左右移位的现象，需要把搭接位置的梁面锯截成斜面（图4-24c），同时，搭接深度要保证80～100mm。

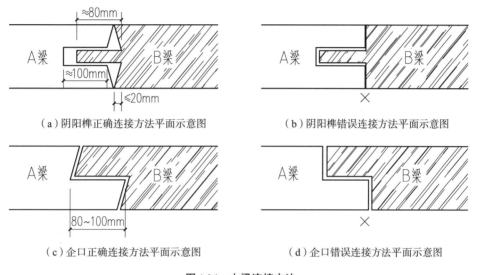

（a）阴阳榫正确连接方法平面示意图　　　　（b）阴阳榫错误连接方法平面示意图

（c）企口正确连接方法平面示意图　　　　（d）企口错误连接方法平面示意图

图4-24　木梁连接方法

（2）梁与长弓木之间的竖向连接是通过暗销来完成的。因为在一个长弓木上部安装有两根梁，而在长弓木顶面，两边分别制作有一处暗销头。所以，普通梁制作时，需要在对应长弓木顶面暗销头的位置，在梁的两端，分别需要开设一个暗销眼，暗销眼的大小要比长弓木顶面暗销头要略大，这样连接之后不至于完全固定，出现"死结"的现象，在外力作用时，梁与长弓木（柱子组）之间有一定的活动空间。

另外，因为天然的木料或多或少会存在一定的弯曲现象，而梁作为横向承载构件，如果把弯曲面朝上安装，容易出现木梁断裂的现象，所以，在毛料加工之前，需要仔细观察弯曲的一面，同时将向上凸起的一面确定为梁的顶面。这一工序称之为"朵档"᫳᫳᫳᫳"。

了解完上述基本构造之后，普通梁的制作就可以开始了。方法是将完成初加工的木梁从木梁的一端开始绘制十字中线（初加工之后的木梁长、宽、高等尺寸要略大于实际使用的尺寸），同时迎线绘制梁身各面中线和另外一端的十字中线；然后以中线为基准线，首先在梁的前、后两面绘制梁垫和梁盖定位线（梁的前后上下各面，应在初加工时确定）；其次在梁的两端绘制阴阳榫定位线。相邻两根梁的阴阳榫开设方法常见有①梁的两端全部开榫眼（图4-25b）、相邻梁的两端全部开榫头（图4-25c）两种，安装时按照"榫眼梁"和"榫头梁"交叉安装；②所有梁的一端开榫眼，另外一端开榫头（图4-25d），安装时只要相邻两根梁的榫头和榫眼相对应就可以连接，不存在交叉安装，但是这种做法相对来说使用的不多见。最后在梁底，对应长弓木顶面暗销眼的位置，画暗销眼定位线，并使用手工或电动工具，锯截、开凿、刨光，完成普通梁的制作。

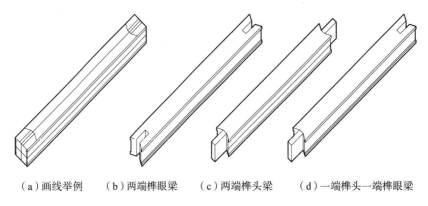

（a）画线举例　　　（b）两端榫眼梁　　　（c）两端榫头梁　　　（d）一端榫头一端榫眼梁

图4-25　普通梁的制作示意图

（三）搭接梁、臂梁的制作

搭接梁和臂梁的制作方法基本同普通梁的制作方法，但是因为不同的梁在整组梁架中所处位置的不同，梁与梁之间的连接方法稍有差别，所以我们需要了解清楚的是它们各自在整组梁架中的位置和布置方法。

1.搭接梁是由两个方向的梁相交而成，平面一般呈正"T"形、倒"T"形或侧"T"形（图4-26）。在这种情况下，常见的布置方法是在弓木顶部，沿着与弓木平行方向，从两侧开始先安装第一个方向的梁，并与弓木进行暗销连接。第一个方向的梁一般由两根梁组成，但是这两根梁的梁端是不完全接触连接，梁与梁之间需要留置安装第二个方向梁的位置（图4-26梁一、二）；然后与弓木垂直方向，在之前的预留位置安装第二个方向的梁；第二个方向的梁一般为一根梁，按照预留

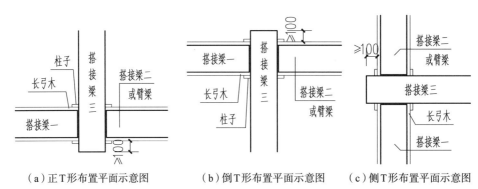

（a）正T形布置平面示意图　　　（b）倒T形布置平面示意图　　　（c）侧T形布置平面示意图

图4-26　搭接梁不同布置方法举例

位置安装的同时，梁的端头要从弓木另外一边缘伸出不小于100mm左右的距离（图4-26梁三）。需要注意的是相交的这三根梁按照传统的做法，相互之间是没有任何刻意制作的连接构造，所以我们不需要制作阴阳榫或企口类的连接构造，直接就方形或圆形的完整梁端安装就可以。三根梁的另外一端，如果连接的是普通梁，那么在另外一端，按照普通梁的端部连接构造，需要制作企口或阴阳榫的连接构造（图4-28a，图4-28b，图4-28c）。

2.臂梁在整组梁架中位于最端部，并且梁的一端是要伸入墙体之内，所以我们可以肯定的是伸入墙内的梁端是不需要做任何榫卯类的连接构造，那么另外一端是否需要制作连接构造，是要看具体的梁架布置情况。常见臂梁的梁架布置情况有两种：一种是同搭接梁成组布置（图4-27a），遇到这种布置方法时，因为同搭接梁交接的地方不需要做任何连接构造，所以制作时只需按照圆形或方形的完整梁端安装即可，梁的两个端部都不需要制作任何连接构造（图4-28d）；另外一种布置方法是同普通梁连接（图4-27b），这种布置时，同普通梁连接的端头，按照普通梁对应的连接构造，需要制作榫头、榫眼或企口（图4-28a，图4-28b，图4-28c），其制作方法同普通梁的制作方法，就不重复叙述。

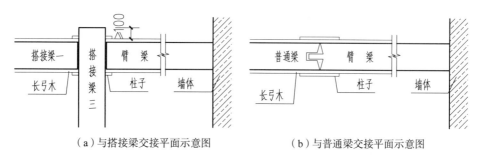

（a）与搭接梁交接平面示意图　　　　　（b）与普通梁交接平面示意图

图4-27　臂梁不同布置方法举例

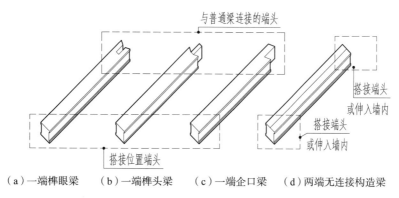

（a）一端榫眼梁　　（b）一端榫头梁　　（c）一端企口梁　　（d）两端无连接构造梁

图4-28　不同形制搭接梁和臂梁举例

（四）雨棚等位置十字交叉梁的制作

常见雨棚是由两根柱子支撑（图4-29a），然后在两根柱子之间用A梁连接，柱子与墙体之间用B梁连接，形成基本框架；A梁与B梁相交位置呈十字交叉布置

（图4-29b），所以在连接构造上同前面介绍的几种梁有所区别；十字交叉式梁的常见连接方法是如图4-29c所示的企口连接，需要注意的是梁B因为有一端伸入至墙内，所以在伸入墙内的一端不需要制作企口，同时在墙内伸入的长度不宜小于250mm；而梁A在梁的两个端部都与梁B相交，所以在梁A的两个端部都需要制作向上或向下的企口。A、B两根梁的企口深度均是梁高度的一半，宽度刚好是梁身宽度。了解清楚这些连接构造之后，制作方法同前面几种梁的制作是一样的。

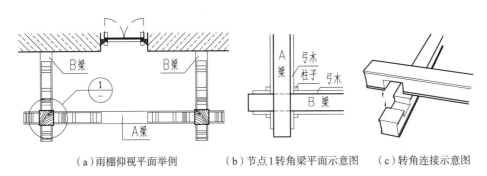

（a）雨棚仰视平面举例　　（b）节点1转角梁平面示意图　　（c）转角连接示意图

图4-29　门厅、雨棚转角梁构造图

■ 五、椽子木的制作与安装

椽子木是安装在梁与梁或梁与墙体之间，用于承托栈棍、望板等楼、屋面荷载，同时将荷载传递至墙体或梁的承、传载构件。椽子木按照截面形状的不同，有矩形椽子木和圆形椽子木两种。其制作工艺简便，只需将毛料按照所需的使用尺寸，切割并做好表面刨光工作即可。如果需要精细加工，可以参考本书前面所讲述的梁、柱制作工艺，方法都是相同的。需要注意的是①椽子木同样作为横向构件，需要观察木料弯曲一面，同时要确定好铺设方向。②椽子木虽然是承、传载构件，但是它同样也是室内装饰的组成部分，所以，制作要结合椽子木之间的装饰卡板，在椽子木端部，要开槽留置安装装饰卡板的位置，但是也不是所有椽子木端部都要留置这一卡槽。一般安装在梁上的椽子木一端，要用卡板将椽子木之间的缝隙封堵（图4-30a，图4-30b）；在墙体的一端，因为椽子木要伸入至墙体内，所以不需要制作卡板装饰。另外，椽子木在墙体内的伸入长度要保证200mm左右。卡槽的宽度一般为卡板的厚度，即30～50mm；深度一般为50～70mm。制作方法或卡槽形式常见的有两种类型：一种是竖向卡槽（图4-30c上），另外一种是斜向卡槽（图4-30c下）。两种形式的卡槽均属于比较常见的卡槽形式，没有规定具体使用范围。

○ 传统藏式建筑木作营造技术

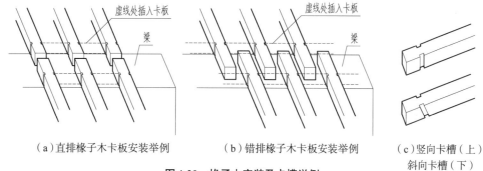

（a）直排椽子木卡板安装举例　　　　（b）错排椽子木卡板安装举例　　　　（c）竖向卡槽（上）
斜向卡槽（下）

图 4-30　椽子木安装及卡槽举例

■ 六、构配件的制作

　　平顶建筑梁架使用的构配件主要包括梁与椽子木之间安装的猴面短椽、方形短椽、边玛、曲扎等装饰构件以及檐口楣截等组成。其中猴面短椽、方形短椽、楣截的安装要点是，每一个构件要与椽子木上下对应，并且各构件的截面尺寸要基本同椽子木的截面尺寸相同，组合方法及安装位置详见本书第三章内容。制作时，方形短椽的制作方法最为简单，只需将准备好的方木或圆木，表面刨削平整即可，但是因为短椽之间的缝隙需要用装饰卡板封堵，所以在短椽两侧需要开设卡槽，卡槽制作方法与椽子木卡槽制作方法相同（图4-31b，图4-31e）。

　　猴面短椽是两端带有曲线的装饰构件，其曲线特征是，从短椽边缘顶部开始，先有一小段竖直的线段，然后再有两弧曲线，其中上部曲线要稍大于下部曲线的尺寸。制作时，为了保证每一个构件的形制相同，通常会制作一个曲线合适的模板，然后用模板在未加工的短椽端部刻画曲线，并锯截制作（图4-31a，图4-31d）。

　　楣截是梁架最顶部的构件，一般只有在室外檐口处才有，所以它不仅要满足装饰构件，还要有檐口起翘的作用。制作时，要把伸入至梁架内部的部分，底面斜向切割，常见斜度为12°～15°之间，切割完成后将切割的斜向面，水平安装至基层，实现楣截起翘的作用。另外，楣截之间同样需要用装饰卡板封堵，但是因为楣截尾

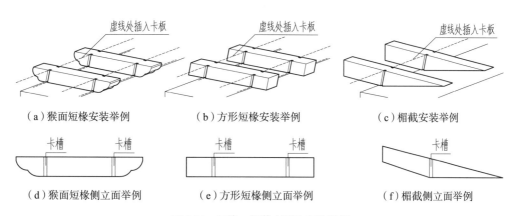

（a）猴面短椽安装举例　　　（b）方形短椽安装举例　　　（c）楣截安装举例

（d）猴面短椽侧立面举例　　　（e）方形短椽侧立面举例　　　（f）楣截侧立面举例

图 4-31　短椽、楣截立面和安装举例

部已伸入至梁架内部，所以只需在前端两侧制作卡槽即可（图4-31c，图4-31f）。

边玛和曲扎是使用于梁上的通长装饰构件，按照整体梁架的长度和边玛、曲扎木料长短，可以由若干个边玛和曲扎排列安装。两个构件的常见高度为60～80mm，宽度80～120mm不等，视具体情况予以选择。制作需要注意的是，边玛顶面为了美观，通常要留置一条高、深10mm左右的线条，称之为"边玛盖子"。边玛朝外侧的面要制作成弧形，所以为了保证每个边玛构件的弧度相等，常用自制的"标准模具"在边玛两端刻画轮廓线，并锯截、刨光（图4-32a，图4-32b）。

曲扎是由蜂窝式的雕刻组构成的装饰构件，曲扎顶面同样需要制作"曲扎盖子"，高、深一般为10mm左右。制作时，首先在完成初加工的曲扎木相邻两面，绘制3～5根等间距的通长定位线（未包括曲扎盖子定位线），然后沿着通长线垂直方向绘制3～5根平均分布的定位线，两条线相交形成的方块格子用锯子或雕刻刀，从边缘向中心方向开挖，每挖一格加深一格，直至中心位置开挖深度最深，形成蜂窝式的雕刻组，完成曲扎的制作（图4-32c，图4-32d）。

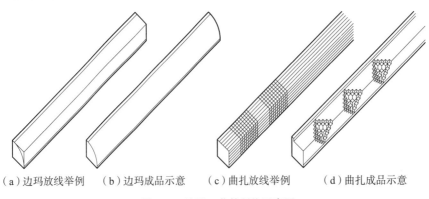

（a）边玛放线举例　　（b）边玛成品示意　　（c）曲扎放线举例　　（d）曲扎成品示意

图4-32　边玛、曲扎制作示意图

■ 七、平顶建筑梁架安装技术

梁架所有木构件制作完成后，需要在房屋内部，按照既定的位置安装各类构件，当然，安装梁架各类构件的前提是要把周围能够支撑梁架的墙体全部砌筑完成，待墙体砌筑完成后，按照一定的顺序一步一步安装梁架木构件。安装方法虽然不是特别复杂，但安装工作顺不顺利，反映的是石匠乌钦和木匠乌钦在工作时的相互协调能力。如果石匠和木匠乌钦严格按照设计内容、设计尺寸开展相应工作，同时，在有变化的地方予以积极沟通和协调，安装工作就不会存在太多需要调整的东西，反之，在安装时会出现梁长、柱短、墙体高度不够等诸多问题。所以，如石木或土木混合结构的藏式建筑，各工种的工作都是非常重要的，各工种之间的相互协调、沟通是各类工作顺利开展的第一要点。然后在正式安装梁架构件的时候，如前面所述，按照一定的顺序进行安装，具体安装步骤包括如下三个内容：

1.从房屋的某个边缘开始，在固定好的柱础顶部立柱，柱上施弓木和梁，相互之间用暗销连接（图4-33a）。安装方法以四柱房为例，完成四根立柱和弓木的安装工作之后，为了稳定立柱，先安装同一轴线上，两根柱子之间的中间梁，然后安装左右两边的臂梁。需要注意的是，臂梁的梁端在墙体内的伸入长度一般不宜小于200mm，同时，在放有梁的墙体顶面，为了防止因为应力集中，而墙体出现开裂现象，需要铺设一层垫木支撑，这一垫木藏语名称为"ཞུང་ལི"，厚度一般不宜小于50mm（图4-33b上）。

另外，当大型房屋同一轴线上的多根木柱安装时，为了能够准确定位每根木柱的安装位置，首先要从周围的墙体顶部，拉一根水平线绳作为"轴线"，然后以这根线为基准，从这根线的位置，用掉落泥土的方法，确定柱子的安装点，然后再固定木柱和木梁。

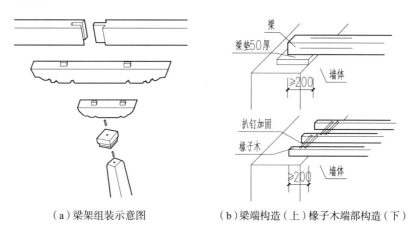

（a）梁架组装示意图　　　　（b）梁端构造（上）椽子木端部构造（下）

图4-33　梁架安装示意图

2.在梁的顶面，分层安装边玛、曲扎、短椽、假椽等所有的装饰构件，然后用木钉，将各类装饰构件及木梁进行固定。

3.在装饰构件上部安装椽子木。按照传统的安装方法是把椽子木直接放置在墙体或梁上就完成工作，但是在当前，为了避免椽子木施放处的墙体开裂，在墙体顶部放置通长垫木的做法也有。另外，为了加强椽子木之间的联系和整体稳定性，使得在外力作用时整体椽子木同时受力，椽子木与椽子木之间用扒钉连接加固的做法也是比较常见的（图4-33b下）。需要注意的是端部椽子木伸入墙体内的深度一般不宜小于200mm。

上述这种安装方法是现行比较普遍的安装方法，但是在此之前，因为木工工具没有现在的方便，而且对于地基或房屋沉降的防御措施也没有现在那么先进，因此，所有的木构件都需要在安装之前做好沉降的预防和应对措施。另外，如本章第四节所述，如果是经历过早前木工学习的老木工，在梁件的连接榫卯制作时，仍然采用早前的这种方法，所以在本书中，作为了解内容，简要地介绍早期的梁架安装工序。

早期梁架的安装方法是以一条轴线上的梁、柱作为一组，每组需要经过两道工序才能在预定位置正式安装。这两道工序分别是"倒放摆样"和"正放摆样"两个步骤（藏语俗称"ས་བྲེས་རྐུག་པ།" "གནས་བྲེས་བསྐྱངས་པ།"）。其中倒放摆样是第一个步骤，其主要目的是要把梁架中间适当凹下去（图4-34b虚线示意），从而在正式安装时，整组梁架有一定的向下沉降空间，不至于在细微沉降时，梁件出现开裂和弯曲的现象。具体方法是，首先在每个长弓木下部，以两根垫木为标准，从两侧往中间放置垫木，垫木高度从两侧往中间层层降低（降低高差一般为20mm左右），从而为梁架的曲线制作奠定基础。其次，在垫木上部放置所有木梁，同时，在整组梁架两端，用固定工具予以固定（图4-34a）。此时，梁与梁之间，因为曲线布置而出现连接不牢固的地方，需要用手持板据，在榫卯留空处插入并锯截多余的边料，调整梁与梁之间的缝隙，直至连接牢固。最后在梁上部倒放安装弓木和柱子，同样因为曲面而出现梁与弓木连接不牢固的地方，要使用手工工具调整，直至连接完全牢固。需要注意的是，不管如何制作曲面梁架，柱子必须是要保证竖直的，不得出现因为曲面而导致柱子弯曲的现象（图4-34）。

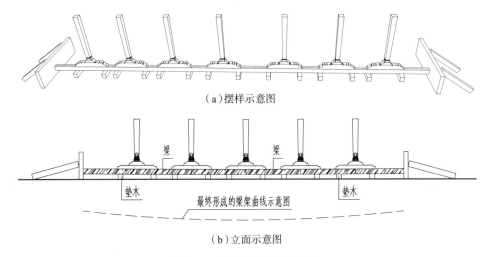

（a）摆样示意图

梁　梁

垫木　垫木

最终形成的梁架曲线示意图

（b）立面示意图

图4-34　地面倒放摆样示意图

倒放摆样工作完成后，需要把所有构件拆卸，然后将梁和弓木进行正放摆样（图4-35）。这道工序的主要目的是在曲面的梁架上调整并预装所有梁上装饰构件，减少在正式安装时候的调试工作，为梁架的正式安装工作提供基础。方法是在每个弓木下部放置一根垫木，此时，垫木高度中间为最高，然后往两边降低，降低或升高的高度为倒放摆样时已制作的曲面高度。垫木上部固定弓木和梁，同时，在梁上预装边玛、曲扎、短椽、假椽等所有装饰构件，出现连接有问题的地方进行现场调整，直至连接牢固。最后在每个构件上用藏文字母编号，以便正式安装。

完成"倒放摆样"和"正放摆样"两项工序之后，按照木构件上编制的编号，在房屋既定位置进行正式安装，此时的安装方法与现在的安装方法是一致的。

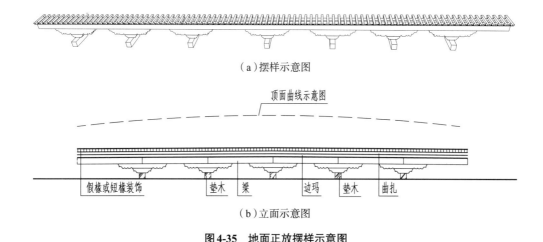

（a）摆样示意图

顶面曲线示意图

假椽或短椽装饰　　垫木　梁　　边玛　垫木　曲扎

（b）立面示意图

图4-35　地面正放摆样示意图

第二节　金顶屋盖梁架构件制作与安装

金顶是使用于宫殿、寺庙类建筑，为了凸显其建筑或某个房间重要性而加盖的装饰构件，因此，金顶外部通常金碧辉煌、做工讲究；但是其室内空间，绝大多数为闲置或仓储空间，并且金顶内部空间一般不会对外开放，所以，内部的木构件只要能够满足使用和安全要求，就不会像平顶建筑室内梁架一样注重构件的外观形制和装饰功能。

■ 一、柱类构件制作与安装

金顶所使用的柱子，虽然有大小高矮之分，但是截面大多为方形，并且因为不需要强调太多的装饰功能，所以在通常情况下，柱身不会制作收分，也没有柱头（斗）之类的装饰构造，就是把原木进行初加工后可以直接使用，制作方法非常简单。需要掌握的是柱子上、下两端，同其他构件的连接和安装构造。首先，柱子底部，通常固定在压斗梁或中纵梁顶面，所以按照金顶规模或柱子大小的不同，常见安装构造有两种：一种是在柱子底部开槽，然后将压斗梁套进柱底槽内，并用螺栓将两个构件连接固定（图4-36）。这种方法适用于尺寸较小的压斗梁与柱子之间的连接，或者说适用于角楼类小型金顶柱底的连接。

另外一种是榫卯连接。方法是在柱子底部制作榫头，对应的压斗梁或中纵梁顶面制作榫眼并进行固定（图4-37a）。这种方法属于比较常见的连接形式，适用于各类金顶。但是当柱子高度比较高，或者是金顶的主要承载柱子时，为了进一步加强其柱子的稳定性，在柱子的两边需要用斜撑予以固定、支撑，同时，柱子与压斗梁或中纵梁之间，要使用铁件连接件，进行进一步的加固工作（图4-37b）。

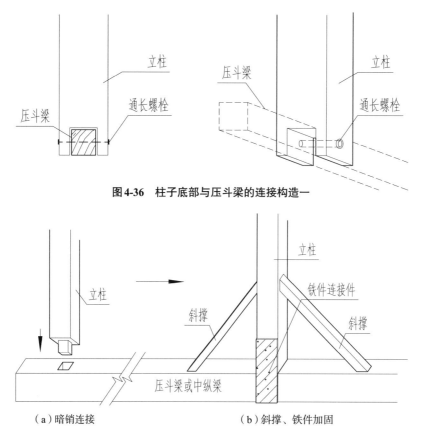

图4-36　柱子底部与压斗梁的连接构造一

（a）暗销连接　　　　　　　　　　（b）斜撑、铁件加固

图4-37　柱子底部与压斗梁的连接构造二

柱子顶部，通常与脊梁或上纵梁连接，梁与柱子之间可以有弓木，也可以没有弓木。一般，中小型长方形金顶以及多边形金顶的梁、柱之间没有安装弓木，而在大型长方形金顶的梁、柱之间普遍会安装弓木。当安装弓木时，只需要安装一根承载弓木即可，外观形制上只要能够满足承载要求，可以为简易的曲线，也可以为完整的方形（截徐弓木），不需要像平顶建筑室内使用的弓木一样注重曲线的制作。

柱子与梁或弓木之间连接方法常见的有两种。一种是暗销连接，是最为常见的连接形式，暗销的制作方法同平顶建筑梁柱暗销的制作方法（图4-38a）。另外一种是槽口连接，使用于如长方形金顶，当金顶规模比较大，脊梁为双层，并且梁、柱之间没有弓木时，为了加强脊梁与柱子之间的整体性和稳定性，在柱子顶部开槽，然后将下脊梁安装至槽内，同时，用螺栓将两个构件进行加固（图4-38b）。这种构造方法可以有效地加强双层脊梁同柱子的连接。

了解上述这些基本构造之后，金顶柱子的制作是非常简单的，无非就是柱子表面的刨光工作和柱子上、下两端连接构造的制作两项内容。具体的制作方法同普通柱子的制作方法相似，可以参考本书前面所述内容。

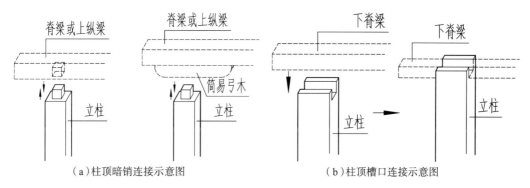

（a）柱顶暗销连接示意图　　　　　　　　（b）柱顶槽口连接示意图

图4-38　柱子顶部连接构造举例

■ 二、梁类构件的制作与安装

金顶梁类构件主要包括地梁、朗董、压斗梁、上下纵横梁、脊梁、角梁等几种
类型。其中地梁、朗董、上下纵横梁的制作方法基本同平顶建筑梁类构件的制作方
法相同，连接构造也同平顶建筑十字交叉梁的连接构造一样，采用凹槽插接的连
接方法（图4-39a下图）。不同的是：①地梁在长、宽方向如果尺寸过大，就需要用
2～3根，甚至更多的地梁来连接，这时，梁与梁之间的横向连接方法除之前讲述
的阴阳榫连接方法之外，还可以使用如图4-39a上图所示的企口连接，但是采用这
种连接方法的前提是，梁下部有屋面、墙体等稳定的承载面，如果没有，会出现连
接处下陷、开裂、弯曲等现象，影响正常使用。②因为朗董和上、下纵横梁，需要
承托椽子木，所以为了安装更加牢固，有时在承托椽子木的位置，会按照椽子木的
安装斜度，制作斜凿，用于施放椽子木（图4-39b）。另外，压斗梁是用于固定斗栱
和支撑金顶构架的上下联系构件，所以形制上没有特殊要求，普遍为完整的方形或
矩形梁，但是在安装椽子木的时候，如若出现梁端与椽子木之间打架现象，压斗梁
的端部可以砍切成斜线，砍切斜度根据工作现场椽子木安装的实际情况来确定。总

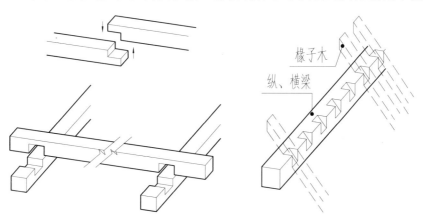

（a）地梁、朗董、上下纵横梁连接构造示意图　　　（b）纵、横梁与椽子木连接构造举例

图4-39　金顶梁连接构造举例

第四章　梁架构件制作与安装技术

133

的来说，上述这几种梁的制作没有特殊要求，基本可以参照平顶建筑梁件的制作方法，所以本节主要介绍其余几种梁的制作方法。

（一）脊梁的制作及安装（搭架董玛）

脊梁位于金顶最顶部，作用是封闭金顶顶部空间，同时为宝瓶等屋脊装饰构件的安装提供基础。常见脊梁按照梁的数量不同，有单层脊梁和双层脊梁之分。单层脊梁的制作方法简单方便（图4-38a）；当为双层脊梁时，上脊梁的作用是制作屋脊线条，优化屋脊处的棱角，同时为金顶顶部的防水构造提供方便；下脊梁的作用是同柱子、椽子木一起制作金顶的主要骨架，是金顶顶部的主要结构构件。现以双层脊梁为例，制作时需要注意以下几个内容：

1.上、下脊梁的截面尺寸可以为相同，也可以根据顶部铜皮封板安装构造的需要，下脊梁宽度可以略小于上脊梁的宽度（图4-43）。长度方向，在多边形金顶和方形金顶的上、下脊梁长度是相同的，但是在个别长方形金顶中，因为金顶两边的山面需要制作三角形，而这个三角形的位置通常与下脊梁的梁端是基本齐平的。所以如果上、下脊梁都制作成长度相同的两根梁，不仅金顶两端的造型不好看，而且转角处包裹铜皮饰面时施工不方便，所以，制作时一般上脊梁的长度比下脊梁的长度要长100～300mm（图4-40）。当然，上、下脊梁长度相同的构造做法也是比较普遍的。

2.在大型金顶中，上、下脊梁之间的连接除暗销连接外，还需要在两根梁的两侧用银锭扣来进一步加强联系（图4-40）。另外，在个别长方形金顶中，有一种下脊梁的两面凿孔用于安装椽子木的构造方法（图4-41），但是这种构造方法属于相对比较少见的一种构造类型。

3.屋脊宝瓶的安装构造也是脊梁制作时需要考虑的重要构造，最为常见的方法是在脊梁从顶到底凿孔，并插入宝瓶芯柱予以固定。当为双层脊梁时，上、

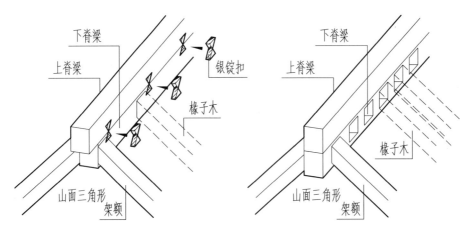

图4-40　上、下脊梁连接构造举例　　　　图4-41　下脊梁与椽子木安装构造举例

下两根梁均需要凿孔，然后将宝瓶芯柱插入孔内，同时用螺栓类连接件予以加固（图4-42a）。但是当宝瓶尺寸较大时，为了安装更加稳定，在脊梁内插入芯柱的同时，从立柱两侧用木板将芯柱进一步包裹、固定。木板与立柱之间，用铁件连接件绑扎固定（图4-42b）。

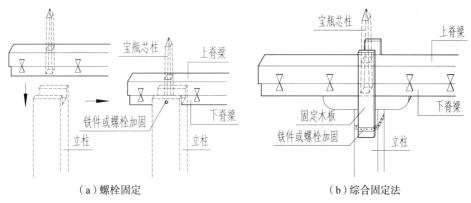

（a）螺栓固定　　　　　　　　　（b）综合固定法

图4-42　宝瓶芯柱构造举例

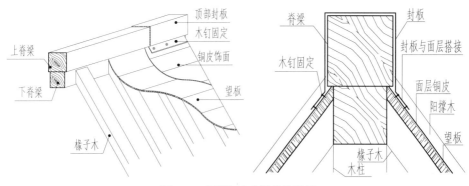

图4-43　屋脊铜皮安装构造举例

（二）角梁的制作（嘎朗董玛）

角梁位于金顶转角处。在一般的，如角楼类的小型金顶中，角梁可以直接使用方形或矩形木梁，并且也不用制作任何曲线，如果讲究一点，可以在梁顶面和底面，按照如图4-44d所示的曲线，制作简易曲线方可使用。但是在重要的、规模较大的金顶中，一根普通木梁的长度不能满足角梁所需要的长度，并且在西藏地区本身木材也缺乏，不方便寻找合适的木材，所以通常由2～3根木梁拼接制作。方法是以两根梁拼接的角梁为例，第一步按照转角处斜向安装的长度，寻找梁A，梁A的长度不仅要满足斜向安装的长度，还要考虑梁端与纵横梁或圈梁交接处的搭接长度；然后按照金顶转角处的起翘和出檐深度的需求，寻找梁B，同时，按照图4-44a所示虚线，锯截梁B端头并用环氧树脂和木钉连接固定两根梁。第二步制作梁顶曲面，方法是以拼接梁梁端处的上、下、左、右各面中心作为端点，在梁的两端绘制四边形（图4-44b），然后按照四边形定位线，先把梁的顶面锯截成三角形，同时为了美观和安装望板构造的需要，梁顶制作适当的曲面（图4-44c）。第三步因为出檐的需要，梁B是要伸出金顶外部，从外面可以观察得到梁的底部，所以按照之前绘制的四边形定位线，用上述同样的方法，将梁B的底面锯截为三角形（图4-44d），即完成两根梁拼接的角梁制作工作。那么，三根梁拼接的角梁制作方法也是相同的，制作示意如图4-45。

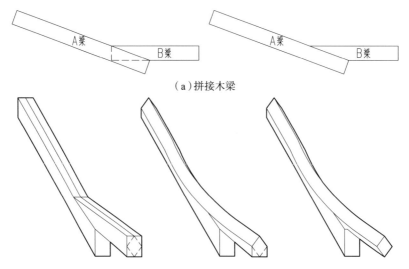

（a）拼接木梁

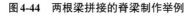

（b）绘制中线并在两端绘制三角形定位线　（c）锯截梁顶三角形曲面　（d）锯截梁底三角形面

图4-44　两根梁拼接的脊梁制作举例

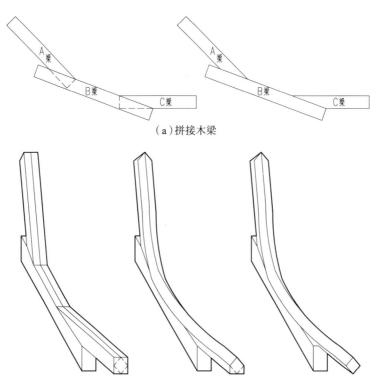

（a）拼接木梁

（b）绘制中线并在两端绘制三角形定位线　（c）锯截梁顶三角形曲面　（d）锯截梁底三角形面

图4-45　三根梁拼接的脊梁制作举例

传统藏式建筑木作营造技术

三、椽子木、望板、阳撑木的制作与安装

椽子木的截面通常为矩形，截面大小为100mm×120mm～140mm×160mm；中心间距160mm左右；主要有脑椽、檐椽、剪子（飞椽）等三种类别。如果金顶纵、横梁（圈梁）圈数有两层时还会出现花架椽（详见本书第三章内容）。其中，檐椽是在屋檐处，出挑至金顶外部的椽子木，是金顶几种椽子木中最为基本的椽子木。安装时以檐椽为基础，在檐椽上面安装脑椽、剪子以及花架椽等。同时，在最外部朗董位置，檐椽之间的缝隙，还需要用卡板予以封堵（图4-47a）。檐椽出挑深度一般为600～1000mm，檐椽上部剪子的出挑深度一般为200～500mm。

转角处，椽子木的安装方法最为常见的是直线式的安装方法（图4-46a），这种安装方法工艺简单，安装速度快，但是需要注意的是，在角梁端部处，悬空安装的椽子木数量最多不宜超过两根，如果超过两根，会影响其稳定性。安装时，应先初步摆样，然后进行正式安装。摆样步骤是，第一步要确定纵、横梁与角梁相交处的椽子木安装位置；第二步要确定并摆放山面中心处的椽子木，同时，在山面中心椽子木与第一步安装的椽子木之间，按照合适的间距摆放椽子木，并以此间距作为安装其他位置椽子木的基本摆放间距；第四步从纵、横梁与角梁相交位置往外摆放椽子木，摆放时，椽子木的间距以基本摆放间距为基础，越往外可适当加大距离。

另外一种安装方法是斜线式的安装方法（图4-46b），这种安装方法工艺复杂，而且处理不好，容易在金顶内部出现椽子木安装不牢固的现象，所以在金顶中极少使用此类安装方法。

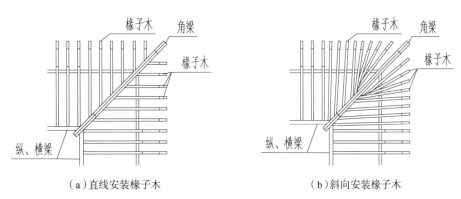

（a）直线安装椽子木　　　　　　　（b）斜向安装椽子木

图4-46　椽子木安装示意图

望板是安装在椽子木上部，用于封闭金顶顶面空间，同时为面层铜皮的安装奠定基础的构件。望板一般为30～60mm厚的木板条。安装需要注意的是望板表面必须平整光滑，无凸出或凹陷的现象。椽子木举折处，望板需要斜向铺设，目的是要把椽子木举折处的折面变成斜面，从而方便安装饰面铜皮，倘若按照折面安

装铜皮，容易出现铜皮安装不牢固或折断现象，从而导致渗水影响木构件的使用（图4-47b上图）。

阳撑木的主要作用是固定面层铜皮或者说是为铜皮之间的相互搭接提供基础，因为面层铜皮通常都为片状的（常见铜皮长度550～660mm，宽度350～450mm），不可能出现一整张铜皮覆盖整个金顶面层的现象，那么，片状的铜皮与铜皮之间如果搭接工作没有做好，同样会出现屋面渗水而影响木构件使用寿命的现象。所以通常使用阳撑木，将两边的片状铜皮上翻20mm以上，然后从阳撑木的顶面，用铜皮封板将两侧上翻的铜皮端头包裹严实，同时用木钉固定，可以有效地处理铜皮搭接并防止雨水的渗透（图4-47b下图）。阳撑木的截面通常为矩形，但是为了方便安装铜皮，顶面一般要做成圆形，常见尺寸160～180mm×180～200mm。

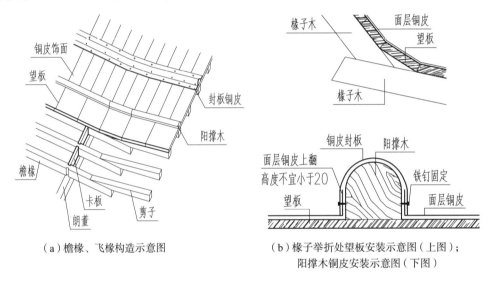

（a）檐椽、飞椽构造示意图　　（b）椽子举折处望板安装示意图（上图）；
阳撑木铜皮安装示意图（下图）

图4-47　椽子木制作示意图

第三节　其他建筑梁架构件的制作与安装

■ 一、梁、柱、椽的制作与安装

以四川省甘孜州炉霍县和道孚县的"崩壳"（木构房屋）为例，介绍纯木结构房屋的基本构建方法，但是因为这种房屋分布不多，所以本书仅作为了解内容向读者简要介绍其制作方法。首先，木构房屋仍然属于平顶结构，而且椽子木的制作方法也是同平顶建筑的椽子木制作方法相同，所以本节不再重复叙述。其次，木构房屋因为没有承重的土或石砌的墙体，所以梁件均需要固定在柱身上，相比平顶建筑，木构房屋的梁、柱之间榫卯连接构造要多一些，制作方法稍有不同（图4-48），具体如下：

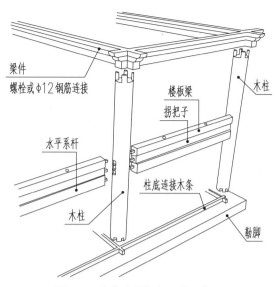

图4-48　木构房屋框架组装示意图

1.梁件一般由2～3根木梁叠拼而成，截面均为矩形，按照位置和构造做法的不同，有屋面梁和楼层梁两种类型。其中楼层梁制作需要注意的是梁与柱子之间要通过阴阳榫连接，所以在梁的两端需要制作榫头（图4-49c），榫头大小一般为100mm×100mm左右，同时叠拼的三根梁件之间每隔1600mm左右距离，要用通长螺栓连接。屋面处，梁与梁之间相交位置，要用凹槽插接连接（图4-49d），其制作方法可以参照平顶建筑十字交叉梁的制作方法。

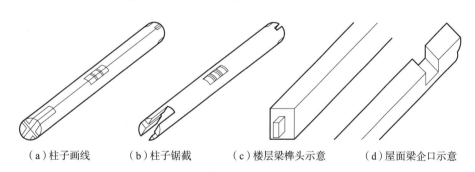

（a）柱子画线　　　　（b）柱子锯截　　　（c）楼层梁榫头示意　　　（d）屋面梁企口示意

图4-49　梁、柱制作示意图

2.柱子截面为圆形，直径300～400mm不等，需要了解的是柱子与各种木梁之间的连接构造。首先，楼层处，因为梁、柱之间需要用榫卯连接，所以在楼层梁对应的柱身两面需要制作榫眼。柱顶位置，因为屋面梁中有两根要固定在柱顶，所以在柱顶位置需要制作十字形榫眼。另外，在柱底位置，因为要安装连接木条，所以，同样需要制作十字形榫眼，了解完这些基本构造后，柱子的制作就参照平顶建筑的圆柱制作方法即可。需要注意的是，"崩壳"房的柱子均没有收分。另外，画各类定位线时，必须以柱顶和柱身的中线为基准来"偏移"完成各类线的绘制，不得以柱面边缘线作为基准线来画线。

二、木板墙体的制作与安装

木板墙主要出现在林芝、昌都等地的林区建筑。墙体安装用的木板可以是方木，也可以是圆木或半圆木。当采用圆木或半圆木时尺寸不宜过小，并且圆木上下两面要切成平面，以便上下安装平整。当采用方木条时只需刨好皮即可，但是上下必须平整光滑。安装方法常见的有榫接法和卡板连接法两种类型（图4-50）。

1.榫接法：在上、下木板之间采用榫卯或暗销连接。这种方法适用于方木垒筑的墙体。转角处，上下木板通过凹槽插接的方法予以固定。门窗洞口开设处，洞口两边要安装窗框木柱与上下木板榫卯连接，窗户顶部一般跟房屋大梁底部齐平，如果需要设置过梁，将两边立柱和过梁同时制作安装即可（图4-50a）。

2.卡板连接：在上、下原木两面开通长卡槽，卡槽内部安装通长卡板米连接上、下原木。这种方法减少了木板之间缝隙透风的问题，加强了房屋的整体密闭性，有利于房屋的保温和隔热。上、下木板转角之间的连接同样采用凹槽插接的方法，门窗洞口的制作方法同上（图4-50b）。

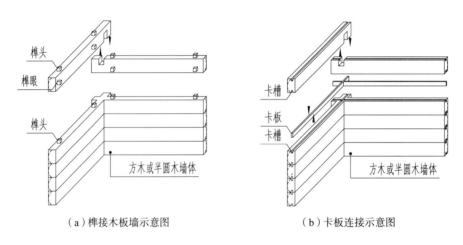

（a）榫接木板墙示意图 　　　　　　（b）卡板连接示意图

图4-50 梁、柱制作示意图

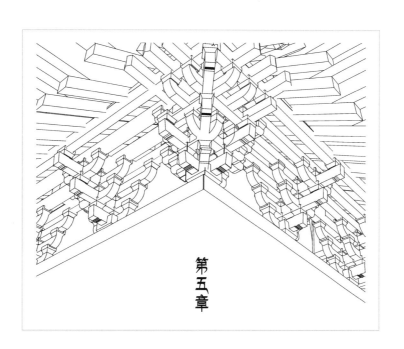

第五章

斗栱构造及制作
安装技术

第一节　概述

斗栱（藏语名ཟུར་ཕུང་）是中国古建筑最有特色的木构件之一，它在中国木构建筑中具有非常重要的意义。据洛阳出土的西周时期青铜器推测（图5-1），此时，在中原地带建筑柱子上可能已经出现了栌斗，之后经过漫长的发展，到了唐、宋时期，斗栱的制作已非常成熟，并趋于规范和标准化。我们从佛光寺大殿可以考证，在唐朝时期已经有了今天我们能见得到的、差不多的成组斗栱。那么，斗栱在藏式建筑中的使用，虽然不能明确地下定结论何时开始，但是在发展过程中，受到了中原地带汉地建筑斗栱的影响，其中大昭寺中心佛殿后壁正中小室高起的构架上部的斗栱（图5-2），据宿白先生推断，是目前发现的中原地带汉地建筑斗栱应用的最早实例，其年代参考内地遗址，约为公元11世纪前期以后。

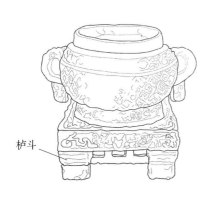

图5-1　商周青铜器中所表现的建筑构件
注：图引用刘敦桢《中国古代建筑史》

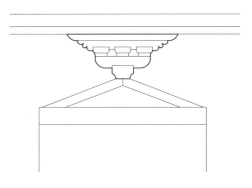

图5-2　大昭寺中心佛殿上空斗栱

目前，斗栱在藏式建筑中普遍使用于金顶屋檐、飞檐装饰以及室内、外墙面、门窗装饰等。按照其使用功能的不同，分为结构斗栱和装饰斗栱两种类型。但是从总体来看，藏式建筑所使用的斗栱更加注重的是其装饰作用。另外，斗栱按照其外观形制和构造方法的不同，又可以分为两种类型。一类是如夏鲁寺主殿类的，完全沿用汉地建筑斗栱形制和构造方法的斗栱，这类斗栱相对比较少见（图5-3a）。另外一种是如门楣、窗楣、腰檐等地方使用的，具有地方特色的斗栱，这类斗栱是斗与弓木的结合，所以与其说是斗栱，还不如说"斗"在藏式建筑中的应用也许更加贴切（图5-3b，图5-3c）。

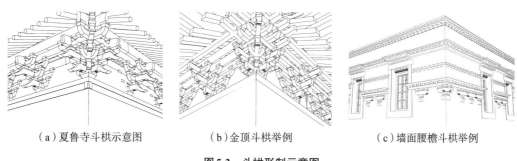

(a)夏鲁寺斗栱示意图　　　　(b)金顶斗栱举例　　　　(c)墙面腰檐斗栱举例

图5-3　斗栱形制示意图

一、斗栱的组成

不管是简易的小型斗栱，还是复杂的大型斗栱，组成一组斗栱最为基本的两个构件是斗和弓木。除了这两个基本构件之外，还有圈梁（朗董）、地梁以及拉结梁等附属构件也是属于组成斗栱的必要构件。以普通的，金顶屋檐使用的斗栱为例，斗栱由地梁、大斗、小斗以及各类弓木和圈梁等构件组成（图5-4a）。而腰檐、飞檐以及门、窗类使用的，固定在墙体上的斗栱，因为斗栱安装要求，构造组成上多了一个伸入墙体的支撑弓木，本书称其为墙垫弓木（图5-4b）。除此之外，其他组成构件是基本相同的。

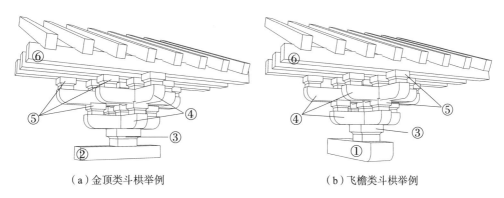

(a)金顶类斗栱举例　　　　　　　(b)飞檐类斗栱举例

图5-4　斗栱基本组成示意图
① 墙垫弓木　② 地梁　③ 大斗　④ 弓木　⑤ 小斗　⑥ 圈梁（朗董）
① གཤམ་བ་གཤ།　② ས་ལེ་གདུང་མ།　③ ཐེ་ཆེན།　④ གཤ།　⑤ ཐེ་ཆུང་།　⑥ གདུང་མཆོད（ལུང་གཉ）

二、斗栱各类构件之间的基本尺寸关系

1.斗：按照大小的不同，有大斗和小斗之分。大斗一般置于斗栱最底部，小斗分布于斗栱各位置。按照其斗口构造的不同，有普通斗和开有槽口的斗两种类型。普通斗是传统藏式建筑最为常见的斗的类型，普遍使用于各类斗栱，而开有槽口的斗大多使用于金顶类的大型斗栱，很少在小型的如腰檐、飞檐以及门窗斗栱中使用。

普通斗的基本尺寸关系是，斗的高宽之比约为 $H:L=0.6:1$；斗身和斗腰的高度之比一般为 $1:1$；斗腰宽度约为斗身宽度的 $0.83L$（图5-5a）。开有槽口的斗身和斗腰尺寸同普通斗的尺寸相同，但是因为在斗口位置需要开槽，所以比普通斗的高度要高 $20\sim30$mm；开槽方法根据安装位置的不同，可以两面开槽，也可以四面开槽（图5-5b）。

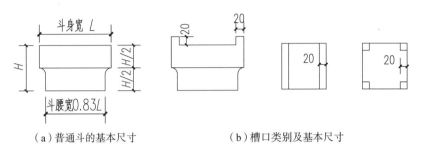

（a）普通斗的基本尺寸   （b）槽口类别及基本尺寸

图5-5　斗的类别及基本尺寸

2.弓木：弓木按照形制的不同，常用的有"甲布赤旭"弓木和普通弓木两种类型。其中，"甲布赤旭"弓木的制作方法详见第四章内容；普通弓木如图5-4所示，一般从弓木顶面开始，先有一小段竖直的线段（线段长度一般为弓木高度的0.25倍左右），然后再有一弧曲线。

弓木与上、下斗的基本尺寸关系是，弓木两边的宽度，每边要小于安装在弓木底部斗的斗身宽度约20mm，同时要大于安装在弓木上部斗的斗腰宽度约20mm；弓木高度一般为 $100\sim180$mm；长度按照实际需求，可以制作成 $600\sim1500$mm不等。另外，在飞檐斗栱、腰檐斗栱以及门窗斗栱等使用的墙垫弓木，宽度最小要大于大斗斗腰宽度45mm左右，并且要保证伸入至墙内的长度大于或等于 $400\sim500$mm（一般伸入墙内的深度为墙体的厚度）。

3.圈梁：是区分斗栱类型的主要构件之一。按照圈梁数量的不同，有三圈梁斗栱、四圈梁斗栱、五圈梁斗栱等类型。圈梁两边的宽度，一般要小于小斗斗身宽度约20mm。

4.拉结梁及附属构件：拉结梁是垂直于圈梁（朗董）方向安装的，用于加强圈梁之间、圈梁与墙体之间的联系构件。拉结梁的尺寸同圈梁尺寸相同。

另外，在腰檐斗栱中还有假椽、卡板、央巴片石压顶等配套构件，其构造、尺寸同平顶建筑墙帽构造相同（图5-6）。

第二节 腰檐斗栱构造及制作安装技术

■ 一、腰檐斗栱的使用及构造

腰檐斗栱是安装在建筑外墙面（女儿墙位置）的斗栱类型。一般使用于如建筑主体的墙段为红色或黄色时，为了与女儿墙位置的红色边玛草墙区分颜色，通常在边玛草墙与主体墙段之间要留一段白色墙体，称其为"吉扎"；而吉扎与下部红色或黄色的主体墙段之间，一方面为了分隔更加明显，另外为了丰富立面效果，通常要制作安装有斗栱的腰檐装饰，即腰檐斗栱。

腰檐斗栱常见于宫殿、寺庙等重要建筑的外墙，很少在民居或其他类型建筑中出现此类构造做法（图5-6）。

常见腰檐斗栱因为不需要承担太大的荷载，所以只有一圈圈梁，即为一圈梁斗栱。这类斗栱由一个大斗和三个小斗以及弓木组成，属于一斗三升斗栱；转角位置，由一个大斗和六个小斗以及三个相互交叉的弓木组成。另外，因为腰檐斗栱安装于外墙外部，所以在斗栱最下部还需要安装墙垫弓木予以支撑（图5-6）。

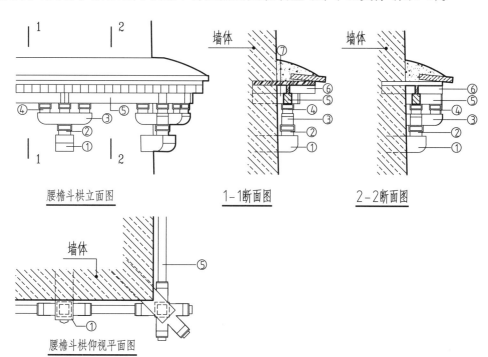

腰檐斗栱立面图　　　1-1断面图　　　2-2断面图

腰檐斗栱仰视平面图

图5-6　腰檐斗栱组成及构造

① 墙垫弓木　② 大斗　③ 弓木　④ 小斗　⑤ 圈梁（朗董）　⑥ 假椽　⑦ 拉结梁

① གགབ་ག།ཤ།　② ཟེ་ཆེན།　③ ཤ།　④ ཤ་ཀུང་།　⑤ གདང་སྲོམ།　⑥ སམ་ཀྱ།　⑦ འཕེད་གང་།

二、腰檐斗栱分件构造及安装技术

(一) 普通腰檐斗栱分件构造及安装技术

普通腰檐斗栱分件构造简单,其构件之间的连接、安装方法常见的有两种类型。一种是将各类构件,按照指定的安装位置层层叠拼,然后通过暗销连接。这种安装方法属于比较常见的安装方法,暗销眼的大小一般为50×50mm,深度约70~80mm(图5-7a)。

另外一种是使用开有槽口的斗,然后将弓木或圈梁安装在斗槽之内。这种安装方法偶有使用,但不常见。需要注意的是,使用这种方法安装时,斗槽深度不宜小于20mm(图5-7b)。

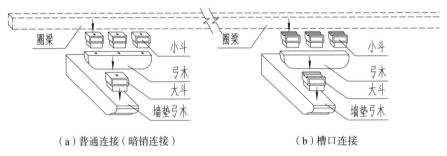

(a) 普通连接(暗销连接)　　　　　　(b) 槽口连接

图5-7　普通腰檐斗栱安装示意图

(二) 转角腰檐斗栱构造及安装

转角腰檐斗栱学习的难点是,转角位置三个交叉弓木的构造和安装技术。方法是安装在最下部的第一个交叉弓木顶面开槽,然后在槽内安装第二个交叉弓木;第二个交叉弓木的底面和顶面均需要开槽,安装时这两个弓木呈垂直安装;最后在第三个方向斜向安装的弓木底面开槽,并按照45°斜线安装在最顶部,完成交叉弓木的组装(图5-8)。

另外,斗与弓木之间的连接方法,如上所述,可以是暗销连接,也可以是槽口连接。

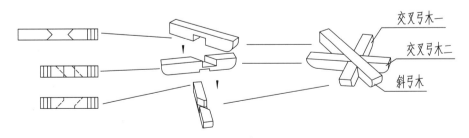

图5-8　转角腰檐斗栱组装示意图

传统藏式建筑木作营造技术

第三节　飞檐斗栱类别及构造

■ 一、飞檐斗栱类别

飞檐（藏语名 ཨང་ཀ་གྱབ）是斗栱与铜皮面层组合的，安装在建筑外墙上的装饰构件，是金顶屋盖在建筑外墙上的一种延续。

飞檐斗栱同腰檐斗栱一样，都是属于安装在建筑外墙上的装饰构件，所以在构造方法上两种斗栱有一定的相似之处，但是因为飞檐斗栱要承受椽子木以及面层铜皮的荷载，所以圈梁数量普遍要比腰檐斗栱要多，从而导致斗栱形制的不同。最常见的飞檐斗栱为两圈梁飞檐斗栱（图5-9），这类斗栱实例有桑耶寺飞檐斗栱、扎什伦布寺飞檐斗栱等。

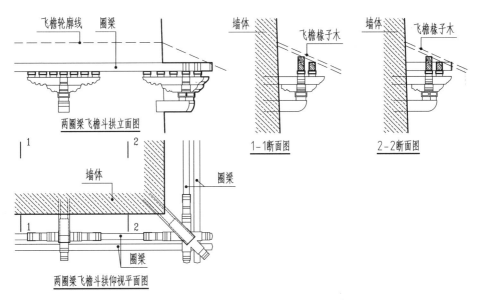

图5-9　两圈梁飞檐斗栱构造举例

除了两圈梁斗栱之外，如果飞檐荷载较大，建筑外立面装饰要求较高时，也可以采用三圈梁飞檐斗栱，实例有喇嘛林寺飞檐斗栱。此类斗栱因为重量较大，所以一定要注意斗栱的固定和安装工作。常见方法是在大斗下部增设通长垫木，将斗栱荷载分布至墙体，同时作为主要支撑构件的墙垫弓木，因为承担斗栱的集中荷载，所以为了稳定期间，在墙垫弓木下部增设"弓木垫板"，来达到飞檐稳定的目的（图5-10）。

另外，在个别建筑中，还有一种同装饰构件结合制作的特殊飞檐类型。以罗

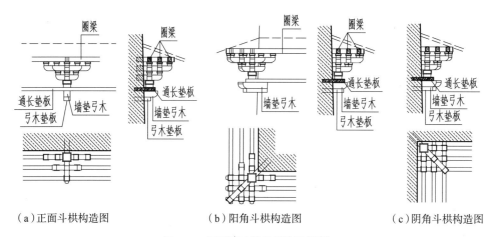

（a）正面斗栱构造图　　　　（b）阳角斗栱构造图　　　　（c）阴角斗栱构造图

图5-10　三圈梁飞檐斗栱构造举例

布林卡飞檐为例，斗栱为一斗三升单圈梁斗栱，但是在斗栱外围，又通过安装圈梁和装饰构件的方法，将装饰构件和结构构件结合在一起，从而变成两圈梁斗栱（图5-11）。

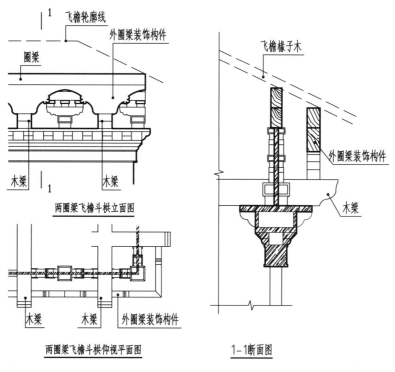

图5-11　两圈梁飞檐斗栱（外圈梁结合装饰）构造图

二、飞檐斗栱分件构造

以三圈梁、槽口连接的斗栱为例。正面普通斗栱由一个大斗和十三个小斗以及三根与墙体平行的弓木和三根同墙体垂直的弓木，共六根弓木叠拼组合而成。弓木之间通过凹槽插接连接，分件构造如图5-12、图5-13。

○ 传统藏式建筑木作营造技术

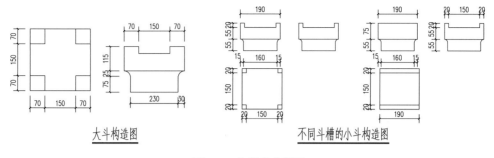

大斗构造图　　　　　　　　　不同斗槽的小斗构造图

图5-12　各类斗分件图

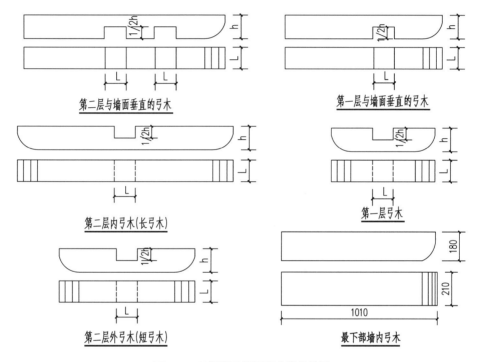

第二层与墙面垂直的弓木　　　　　　第一层与墙面垂直的弓木

第二层内弓木(长弓木)　　　　　　　　第一层弓木

第二层外弓木(短弓木)　　　　　　　　最下部墙内弓木

图5-13　三圈梁飞檐正面斗栱分件图

　　90°直角转角斗栱由一个大斗和二十一个小斗以及八根弓木组成，连接方法同样也是采用凹槽插接的连接方法。具体方法是在最下部的第一个交叉弓木顶面开槽；第二个交叉弓木的底面和顶面均需要开槽，安装时这两根弓木呈垂直安装；然后在斜向弓木底面，同其他弓木相交位置开槽，并按照45°斜线安装在最顶部，分件构造如图5-14。

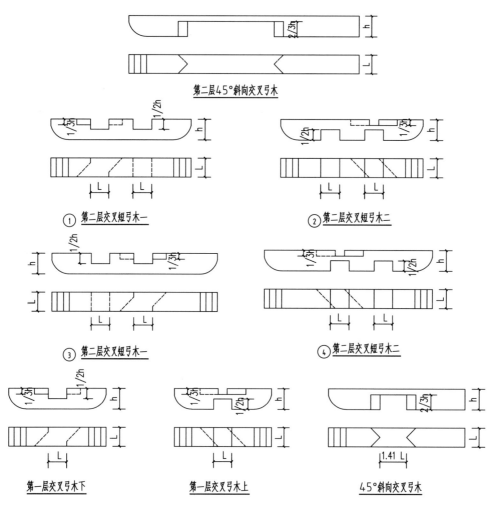

第二层45°斜向交叉弓木

① 第二层交叉短弓木一

② 第二层交叉短弓木二

③ 第二层交叉短弓木一

④ 第二层交叉短弓木二

第一层交叉弓木下

第一层交叉弓木上

45°斜向交叉弓木

图5-14　三圈梁飞檐直角转角斗栱分件图

第四节　金顶斗栱类别及构造

■ 一、概述

　　金顶因其丰富的形态，给原本"规矩"的藏式建筑增添了雄浑又俏皮、活泼又灵动的多重性格而成为藏式建筑重要房间的屋盖装饰构件。金顶屋盖，不管选择哪种类型，都需要制作往外伸展和出挑的造型，而斗栱可以通过构件的叠拼，为制作金顶伸展和出挑造型奠定很好的基础，所以普遍使用于金顶屋檐，是制作金顶非常重要的结构构件。同时，因斗栱本身具有丰富的形态，并且通过饰面彩画，可以起到很好的装饰作用，所以它也是属于金顶屋盖的装饰构件。总之，金顶所使用的斗栱，它具有结构和装饰的双重作用。

金顶斗栱在藏式建筑中属于相对比较完整的"成组斗栱"，也是同中原地带汉地建筑斗栱形制最为接近的斗栱类型。但是也有一定的区别，这种区别主要表现在斗栱的外观形制和构造做法上的差别。现从金顶斗栱的外观形制、使用功能以及构造类型三个方面简述金顶斗栱特征。

（一）外观形制：金顶斗栱仍然是属于弓木和斗的组合体，而且每个构件的形制大同小异。从整体来看，此类斗栱除有无带昂和构件层数之区分外，没有其他太明显的差别（图5-15、图5-16）。另外，因为金顶本身室内空间为闲置或仓储空间，所以斗栱制作时，更加注重的是斗栱朝室外部分的形制，而在室内的部分则制作比较简便。很少出现如夏鲁寺有内、外拽构造的，且内、外拽形制相同的斗栱构造做法。

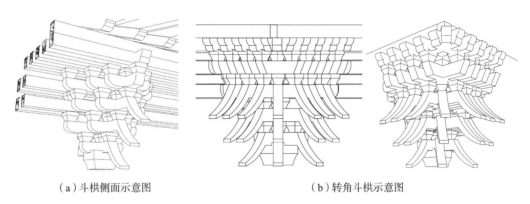

（a）斗栱侧面示意图　　　　　　　　　（b）转角斗栱示意图

图5-15　五圈梁带昂斗栱举例

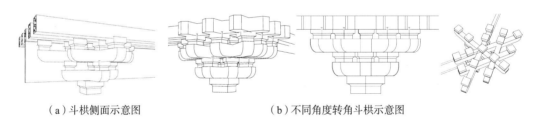

（a）斗栱侧面示意图　　　　　　　　　（b）不同角度转角斗栱示意图

图5-16　未带昂斗栱举例（有内、外拽斗栱）

（二）使用功能：金顶斗栱虽然有装饰和抬高屋盖高度的作用，但是我们从民间形容方式，以及金顶斗栱的命名方法可以看出，它更加注重利用的是斗栱对屋檐的伸展和出挑功能。通常，屋檐往外出挑深度越大，作为支撑构件的斗栱顶部郎董（圈梁）数量就越多，而朗董数量越多，则斗栱叠拼层数越多，金顶体量越大。

（三）构造做法：如本书前面所述，金顶斗栱按照朗董圈数的不同，常见的有两圈梁斗栱、三圈梁斗栱、四圈梁斗栱、五圈梁斗栱等四种类别。构造方法同飞檐斗栱大同小异，具体构造见后文详述。

二、两圈梁斗栱

两圈梁斗栱，顾名思义是由两圈朗董（圈梁）组成，是朗董圈数最少的金顶或斗栱类型。主要使用于角楼类的小型建筑物金顶装饰，当然也有如桑耶寺邬孜大殿最顶部金顶，使用于建筑物主要金顶的实例。

常见两圈梁斗栱的构造方法是将内侧朗董安装在轴线位置，外侧郎董属于出挑屋檐的部分。构造方法按照弓木层数的不同有两种类型。一种是单层弓木的两圈梁斗栱（图5-17），此类斗栱由1个大斗和5个小斗以及两根弓木组成，两根弓木之间上下插接连接，构造方法比较简单（图5-17a）；转角位置的斗栱由1个大斗和6个小斗以及3根弓木组成（图5-17b），三根弓木的构造方法同转角腰檐斗栱构造相同。单层弓木的两圈梁斗栱在水平方向，能够往外出挑的屋檐深度一般只有300～400mm（朗董间距）。

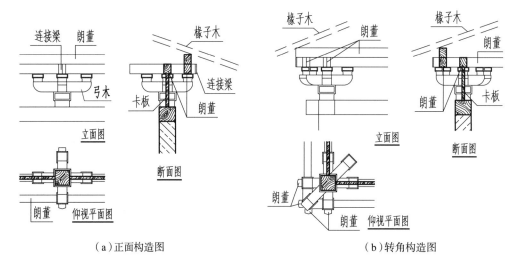

（a）正面构造图　　　　　　　　　　（b）转角构造图

图5-17　两圈梁单层弓木斗栱构造图

另外一种是双层弓木的两圈梁斗栱（图5-18），这种斗栱一方面更加有利于抬高金顶高度，另外因为屋檐出挑方向有层层伸展的双层弓木，所以相比单层弓木，能够出挑更深的屋檐，一般屋檐出挑深度为500mm左右。双层弓木的两圈梁斗栱由1个大斗和12个小斗以及每层2根弓木，共4根弓木组成（图5-18a）；转角斗栱由1个大斗和18个小斗以及每层3根弓木，共6根弓木组成（图5-18b）。弓木之间的连接构造同单层弓木的连接构造相同，但是因为美观和出挑需要，第二层弓木的长度要比第一层弓木的长度要长1/4～1/2。

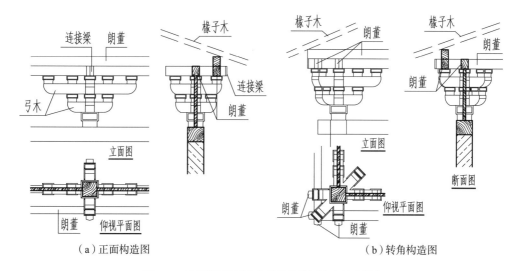

（a）正面构造图　　　　　　　　　　（b）转角构造图

图5-18　两圈梁双层弓木斗栱构造图（内拽斗栱）

■ 三、三圈梁斗栱

三圈梁斗栱是比较常见的金顶或斗栱类型，一般使用于小型金顶。三圈梁斗栱出挑屋檐的深度最小达500mm左右，最大可达700mm左右。此类斗栱高度方向一般由两层弓木叠拼组成，构造类别按照斗栱有无内拽，常见的有两种类型。一种是简易处理垂直于墙体方向的弓木尾部（朝室内的弓木一端），并且在尾部，弓木与弓木之间通过垫木垫实处理的构造类别（图5-19），这类斗栱实例有喇嘛林寺金顶斗栱。另外一种是如图5-20所示，垂直于墙体安装的弓木，室内段和室外段采用类似的构造方法。这两种类型的斗栱构造做法大同小异，以无内拽三圈梁斗栱为例，正面方向普通斗栱由1个大斗和13个小斗以及第一层2根弓木，第二层3根弓木，共5根弓木组成（图5-19b），弓木之间通过插接连接，分件构造如图5-21。90°直角转角斗栱由1个大斗和21个小斗以及第一层3根弓木和第二层5根弓木，共8根弓木组成（图5-19c），弓木分件构造如图5-22。另外，如图5-19a所示，135°转角斗栱同样由1个大斗和21个小斗以及8根弓木组成。

■ 四、四圈梁斗栱

四圈梁斗栱使用于中、大型金顶，也是比较多见的斗栱类型，如布达拉宫八世、十三世灵塔殿金顶斗栱均属于此类斗栱。四圈梁斗栱常见构造方法是，最内侧朗董置于轴线处，另外3圈朗董置于室外，所以出挑深度一般可达700～800mm。此类斗栱高度方向一般由3层弓木叠拼组成，常见的构造方法如图5-23、图5-24所示，正面方向普通斗栱由1个大斗和35个小斗（未包括内侧小斗）以及第一层2根

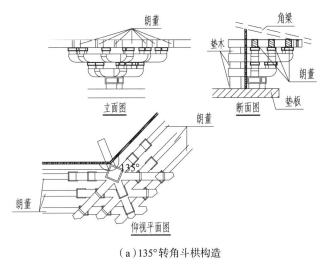

（a）135°转角斗栱构造

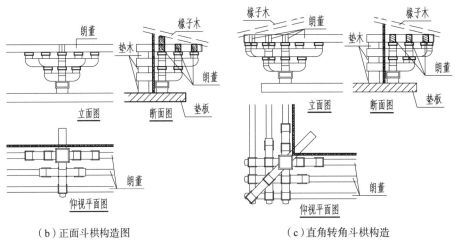

（b）正面斗栱构造图　　　　　　　　（c）直角转角斗栱构造

图5-19　三圈梁无内拽斗栱构造图

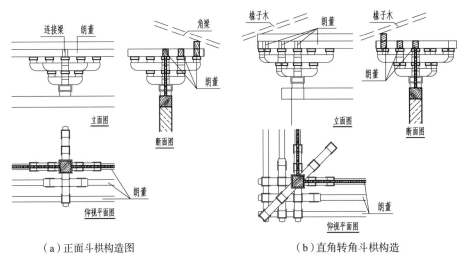

（a）正面斗栱构造图　　　　　　　　（b）直角转角斗栱构造

图5-20　三圈梁内拽斗栱构造图

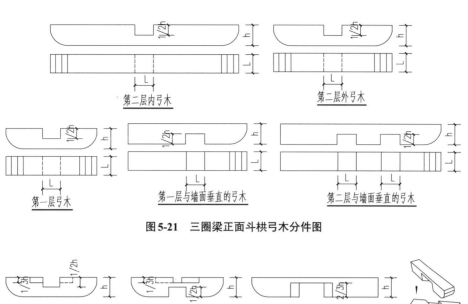

第二层内弓木　　　　　　　　　　第二层外弓木

第一层弓木　　　　第一层与墙面垂直的弓木　　　　第二层与墙面垂直的弓木

图5-21　三圈梁正面斗栱弓木分件图

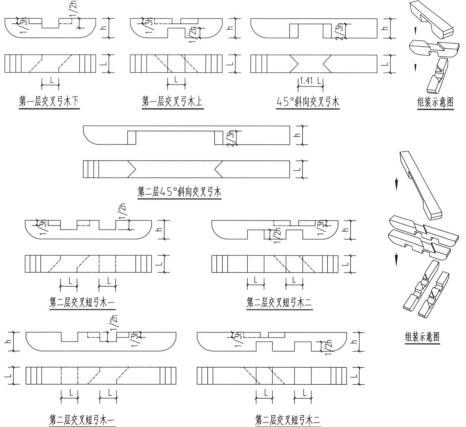

第一层交叉弓木下　　　　第一层交叉弓木上　　　　45°斜向交叉弓木　　　　组装示意图

第二层45°斜向交叉弓木

第二层交叉短弓木一　　　　　　第二层交叉短弓木二

组装示意图

第二层交叉短弓木一　　　　　　第二层交叉短弓木二

图5-22　三圈梁转角斗栱弓木分件图

弓木、第二层3根弓木、第三层4根弓木，共9根弓木组成。弓木之间通过上、下插接连接。转角斗栱由1个大斗和49个小斗（未包括内侧小斗）以及第一层3根弓木、第二层5根弓木、第三层7根弓木，共15根弓木组成。其中第一层和第二层弓木的分件构造同三圈梁斗栱的分件构造相同，第三层弓木的分件构造见图5-25。另外，如图5-23所示，不同角度的转角斗栱均由1个大斗和49个小斗（未包括内侧小斗）以及15根弓木组成。

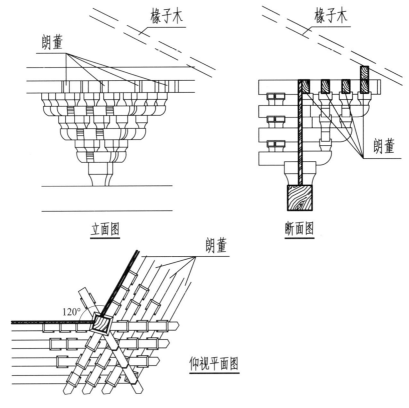

立面图　　　　　　　断面图

仰视平面图

图5-23　四圈梁120°转角斗栱

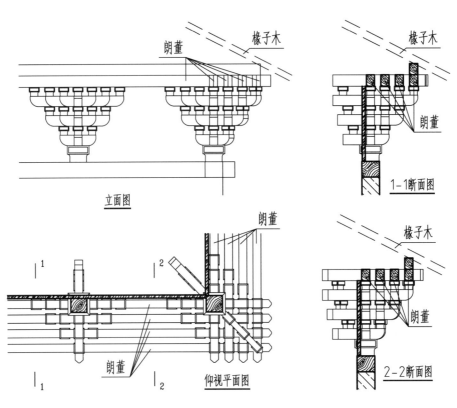

立面图　　　　　　　1-1断面图

仰视平面图　　　　　　2-2断面图

图5-24　四圈梁金顶斗栱

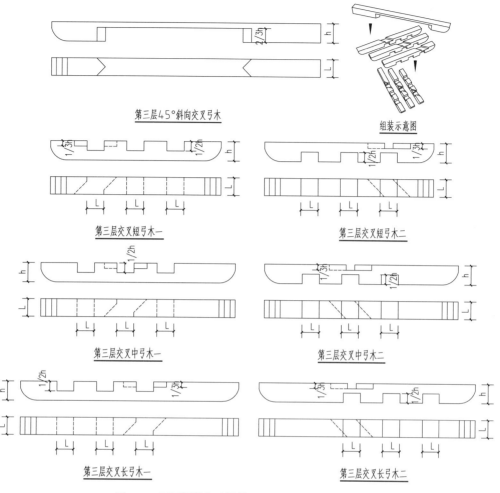

第三层45°斜向交叉弓木

组装示意图

第三层交叉短弓木一

第三层交叉短弓木二

第三层交叉中弓木一

第三层交叉中弓木二

第三层交叉长弓木一

第三层交叉长弓木二

图5-25　四圈梁转角斗栱第三层（最顶部）弓木分件图

五、五圈梁斗栱

五圈梁斗栱是金顶斗栱中圈数最多的斗栱类型，也是最为常见的斗栱类型，普遍使用于重要的大型金顶。五圈梁斗栱使用实例有布达拉宫五世、七世灵塔殿金顶斗栱以及大昭寺释迦牟尼佛殿、松赞干布殿金顶斗栱等。

常见五圈梁斗栱按照外观形制的不同有带昂和未带昂之区分。当为带昂构件时，首先要把昂的曲线段独立制作，然后通过榫卯或胶结安装在弓木端部即可，构造方法比较简单。另外，五圈梁斗栱按照构造方法的不同，有朗董均在轴线外侧和朗董在轴线两侧之分，可以根据结构构造及屋檐出挑深度的需求进行选择。其中，朗董均在轴线外侧的构造做法是属于比较少见的一种类别，构造方法是：最内侧朗董置于轴线位置，其余四圈朗董均在轴线外侧。这类构造方法能出挑屋檐的深度一般为800～1000mm（图5-27）。朗董在轴线两侧的构造方法是：最内侧朗董置于轴线内侧，从内到外的第二圈朗董置于轴线处，其余三圈置于轴线外侧，这类构造属于最为常见的五圈梁斗栱构造方法，能够出挑的屋檐深度达650～800mm（图5-26，图5-28）。五圈梁斗栱的高度为四层弓木叠加高度。

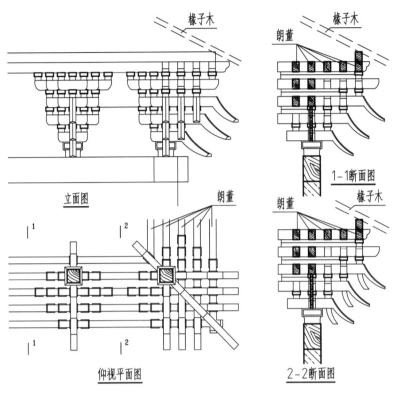

图5-26　五圈梁斗栱举例一（带昂斗栱）

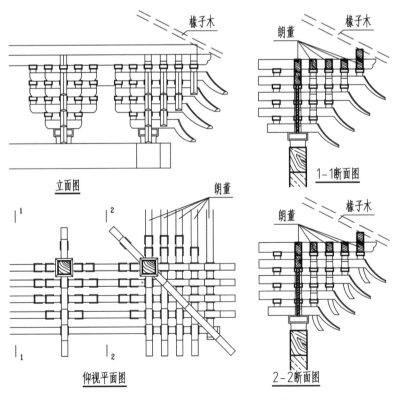

图5-27　五圈梁斗栱举例二（带昂斗栱）

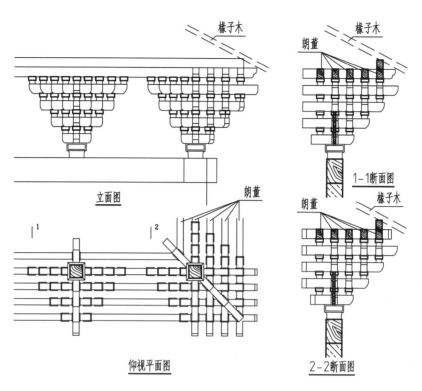

立面图   橡子木

朗董   橡子木

1-1断面图

朗董   橡子木

仰视平面图

2-2断面图

图5-28 五圈梁斗栱举例三(未带昂斗栱)

以未带昂的五圈梁斗栱为例,正面方向普通斗栱由1个大斗和50个小斗(包括内侧小斗)以及第一层2根弓木、第二层3根弓木、第三层4根弓木、第四层5根弓木,共14根弓木组成。弓木与弓木之间通过上下插接连接。转角斗栱由1个大斗和65小斗以及第一层3根弓木、第二层5根弓木、第三层7根弓木、第四层8根弓木,共24根弓木组成。其中,第一层至第三层弓木的连接及分件构造同三圈梁和四圈梁斗栱连接构造。第四层处,常见构造方法是只安装两根垂直的普通弓木,不安装45°的斜向弓木,分件构造如图5-29。但是当有安装45°斜向弓木时,构造方法大同小异,分件构造如图5-30。

第五节 坡顶建筑斗栱概述

坡顶建筑斗栱仍然以夏鲁寺主殿为例,但是因为勘察受限,无法完整地收集斗栱的所有数据,因此,本书以勘测的基本数据为基础,结合常规做法,以清代官式建筑构件名称为准,对此类斗栱的基本构造及组合方法做简要的介绍。

夏鲁寺主殿斗栱属斗口重昂五踩斗栱(图5-31,图5-32),其中平身科第一层为1个大斗,长、宽约280mm,高约190mm;第二层由长约800mm、宽约

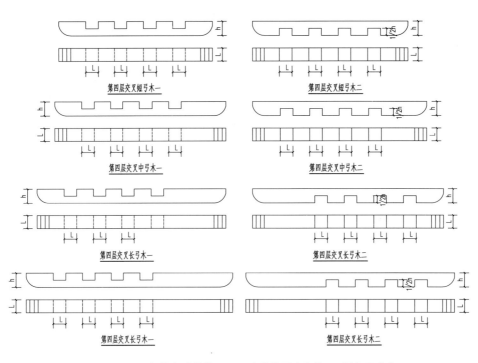

图5-29　五圈梁转角斗栱第四层弓木分件图（未带45°斜向弓木）

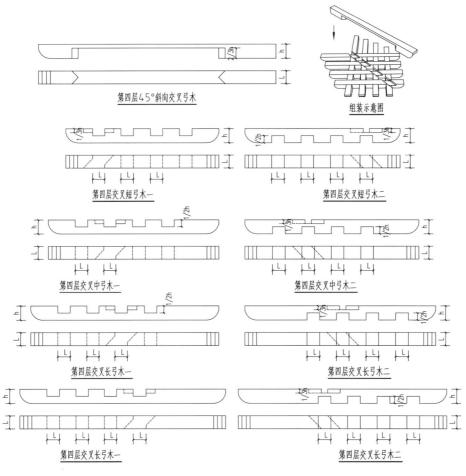

图5-30　五圈梁转角斗栱第四层弓木分件图（带有45°斜向弓木）

110mm、高约170mm的头昂后带翘头1件和长约725mm、宽约105mm、高约150mm的正心瓜栱1件组成；第三层由长约1470mm、宽约110mm、高约145mm的二昂1件和长约735mm、宽约100mm、高约160mm的单材瓜栱2件以及长约1070mm、宽约105mm、高约160mm的正心万栱1件组成；第四层由长约815mm、宽约100mm、高约160mm的厢栱2件和长约1070mm、宽约100mm、高约160mm的单材万栱2件组成。角科由1个大斗和41个小斗组成。大斗长宽约340mm、高约210mm。斗栱安装示意详见图5-33。

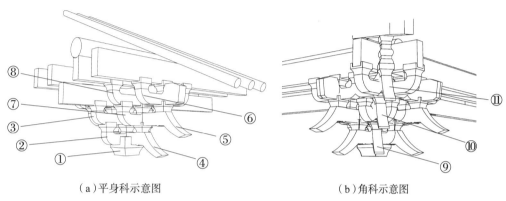

（a）平身科示意图　　　　　　　　　（b）角科示意图

图5-31　夏鲁寺斗栱示意图

① 坐斗（大斗）　② 正心瓜栱　③ 正心万栱　④ 头昂　⑤ 二昂　⑥ 厢栱　⑦ 单材瓜栱
⑧ 单材万栱　⑨ 斜头昂　⑩ 斜二昂　⑪ 由昂

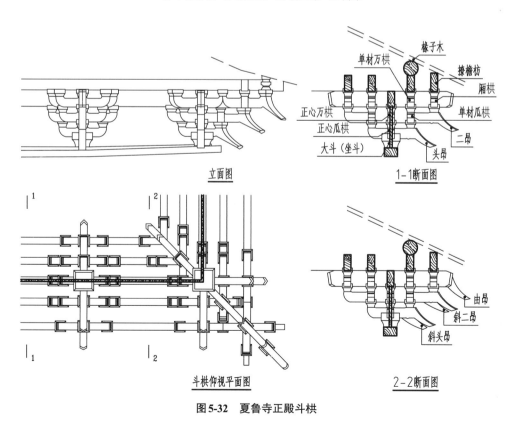

立面图　　　　　　　　　　1-1断面图

斗栱仰视平面图　　　　　　2-2断面图

图5-32　夏鲁寺正殿斗栱

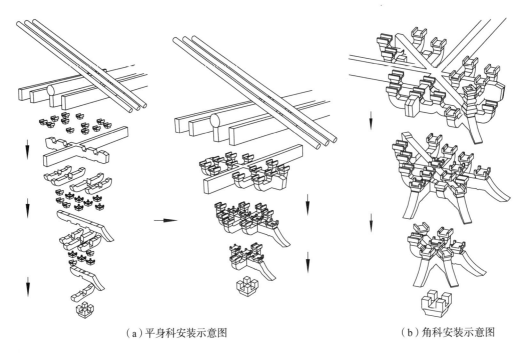

（a）平身科安装示意图　　　　　　　　　　（b）角科安装示意图

图5-33　斗栱安装示意图

第六节　其他斗栱

除上述几种较为完整的成组斗栱之外，还有一种比较特殊的——斗与藏式弓木结合的装饰斗栱。这类斗栱主要应用在门楣以及个别窗户的窗楣装饰（藏语名"གྲུང་སྒྲ་ཟེ་བཀོད།"），可以称其为门、窗楣装饰斗栱。

门、窗楣装饰斗栱的构件尺寸关系以及安装技术可参考本书前面所述的内容，其类别按照构造方法及外观形制的不同，常见的有如下几种类型：

■ 一、不同弓木层数

该类型有单层弓木斗栱、双层弓木斗栱以及三层弓木斗栱等类别。

单层弓木斗栱：是门窗装饰斗栱中构造最为简单的斗栱类型。由底到上的构造组成包括：墙垫弓木1件、大斗1件、长短弓木各1件、小斗7件（图5-34a）。

双层弓木斗栱：是门、窗上应用最广泛的斗栱类型。由底到上的构造组成包括：墙垫弓木1件、大斗1件、短弓木1件（第一层弓木）、小斗3件、长弓木1件（第二层弓木）、6～7件小斗（图5-34b，图5-34d，图5-34e）。

三层弓木斗栱：是属于比较少见的门窗装饰斗栱类型。实例有罗布林卡金色坡章大门。其构造包括：墙垫弓木1件、大斗1件、弓木3件、小斗17件（图5-34c）。

二、不同弓木排列数量

该类型有单排弓木和多排弓木两种类型。单排弓木如图5-34a，5-34b，5-34c，5-34d，使用于普通的，小型大门。多排弓木使用于院落、围墙上，尺寸较大的大门。实例有色拉寺大门、罗布林卡大门等。其构造特征是在同一层弓木处，排列安装有两根或多根弓木，从而加强了承载能力，有利于门楣的稳定（图5-34e）。多排弓木的构造方法类似两圈梁斗栱。

三、不同弓木布置方法

该类型有普通弓木、十字交叉弓木以及对称弓木和不对称弓木等类别。普通弓木如图5-34a，图5-34b，图5-34c所示，除最下部的墙垫弓木之外，其余弓木均与墙体平行布置。十字交叉弓木是弓木在墙体平行和垂直两个方向相交布置（图5-34d，图5-34e），此类布置方法因为与墙体联系紧密，有利于加强弓木的整体稳定性，一般使用于大门以及荷载较大的门楣。另外，以大斗中心作为轴线，安装弓木时，可以对称安装，也可以非对称安装，主要根据造型需求予以选择。

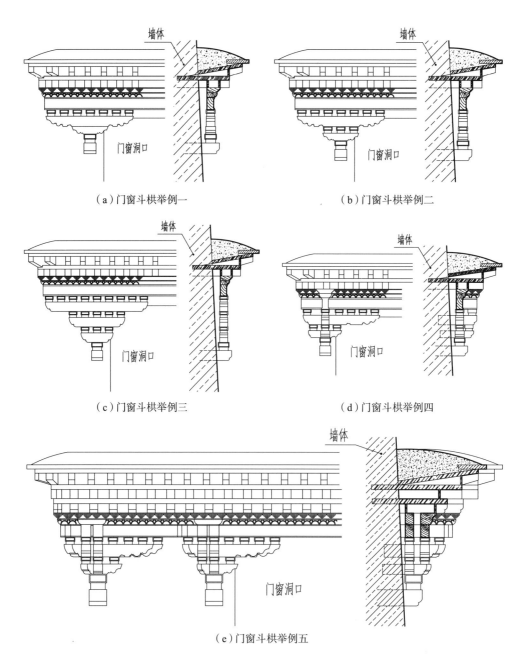

（a）门窗斗栱举例一　　　　　　　　　　（b）门窗斗栱举例二

（c）门窗斗栱举例三　　　　　　　　　　（d）门窗斗栱举例四

（e）门窗斗栱举例五

图5-34　门窗斗栱示意图

第六章

木装修

木装修包括门、窗、楼梯、栏杆、天花、藻井、墙面、檐口等诸多内容，是体现藏式木作艺术特征的重要内容之一。它在传统的藏式建筑墙面、天花以及构配件的制作中起到重要的装饰和点缀作用。其技术在漫长的发展过程中，以地理资源、人文环境为基本发展条件，以各类符号和元素作为基本表现内容，不断吸取外来建筑装饰技术和表现形式，在广大的藏族建筑分布区域，形成了既统一又多样的藏式建筑木作装饰手法，体现了独具特色的地域建筑文化。

第一节　门、窗

门、窗作为建筑物必不可少的构件，从使用角度分析，它们的作用是通过门扇、窗扇的开启和关闭，能够达到空间的敞开或封闭，从而起到采光、通风，以及人员的流动与限制等功能。从建筑艺术角度分析，门窗安装在建筑物墙体上，尤其外围护墙上的门窗裸露于建筑外部，可以完整地呈现给外部视野，它们的大小、比例、形制等影响着建筑物的整体艺术形象。同时，安装在建筑物内部的门窗，影响着室内空间环境。因此，门、窗不仅是一种功能构件，更是一种建筑艺术构件，尤其在粗狂、豪放的藏式建筑外墙与细腻、精致的门窗相结合，形成强烈的对比，更加能够体现门、窗的装饰艺术特征。

藏式建筑门窗的类别可以说是非常多样的，因为如门楣、窗楣、门套、窗套以及构配件的大小、形制、组装方法、颜色用色等诸多细节的表现方法上，根据地域的不同存在一定的差异，这种差异造就了它的多样性，也可以说藏式建筑的门、窗类别是比较简单的，因为从门窗的构造组成分析，不同地方的门窗构造组成以及构造方法都是大同小异的，所以是一个比较统一的类别。本书以卫藏地区典型藏式建筑的门窗为重点，介绍藏式建筑的门窗构造和制作、安装技术。

一、常见门的类别、构造及制作安装技术

（一）门的类别及基本组成

门的类别可以按照形制、构造以及不同区域的表现方法，可以从多方位、多角

度予以分门别类。如前面所述，类别是多样的。但是为了便于叙述，同时为了便于掌握门的基本构造和类别，我们按照门的构造组成以及安装位置的不同，粗略地将门划分为室外门和室内门两种类型。

1.室外门：安装在外围护墙上的门和院落围墙上的大门统称为室外门。室外门一方面要满足使用功能的要求，同时要满足装饰艺术的要求，所以它的基本构造由三个部分来组成的（图6-1）。一是由上楣截、下楣截以及卡星、卡板等组成的门楣部分。门楣的作用是装饰和点缀大门，同时起到防水、防坠物等类似"雨棚"的作用。在一般的室外门都带有门楣装饰。二是由杴桑（过梁）、门框、门扇以及各类装饰和加固构件组成的门的主体部分。这一部分是门的主要位置，也是体现门的豪华程度的重要标志之一。三是由门槛、门枕组成的门的"底座"部分，是制作和安装门的基础构造。

另外，在室外门的两侧，通常还会出现黑色或白色的"黑边"装饰，也是门的组成部分。在香格里拉等个别地方，这种黑边制作成梯形的木制门套，虽然材料和表现方法不一样，但是表现内容或表现形制是一样的。

2.室内门：是安装在建筑室内所有门的统称。室内门因为安装在房屋内部，不需要防水挡雨的功能，所以一般只有杴桑、门框、门扇、门槛、门枕以及装饰构件组成。在大多数情况下，没有门楣装饰，但是也不是绝对的，如布达拉宫九世灵塔

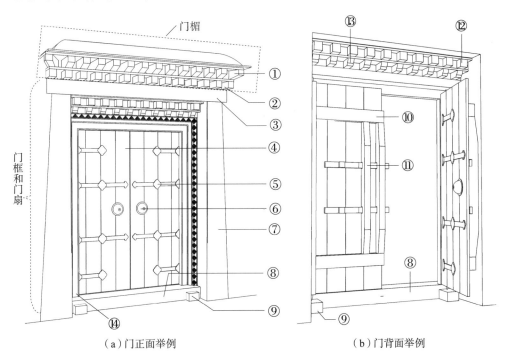

（a）门正面举例　　　　　　　　（b）门背面举例

图6-1 典型门的基本构造组成示意图

① 上楣截　② 下楣截　③ 杴桑　④ 门板　⑤ 包叶　⑥ 门拨　⑦ 黑边　⑧ 门槛　⑨ 下门枕
⑩ 穿带（加固木板）　⑪ 门栓门扣　⑫ 方形短椽　⑬ 猴面短椽　⑭ 门框

① སྒོ་ཁ་བཅད་དམ། ② སྒོ་འོག་བཅད་དམ། ③ ཤིང་བཟུང། ④ སྒོ་པང་།（སྒོའི་ལྕེ་ཤིང་） ⑤ སྒོ་ལྕགས། ⑥ སྒོ་སྒོར། ⑦ ནག་ཐིག ⑧ ཐེམ་པ། ⑨ མལ་ཁྱི།
⑩ རྒྱབ་ལས། ⑪ གཏན་འགོན། ⑫ སྒོ་གྲུ་བཞི། ⑬ བབ་སྐྱེ་ཝཱཏཱ། ⑭ སྒོའི་རྩ་བཞི།

殿南大门就带有门楣装饰。另外，在室内门的两侧，一般也不会出现门套装饰。

（二）门类构件的制作安装技术

1.门楣类别及制作安装技术

1.1 门楣类别及构造

门楣类似现代建筑的雨棚，是安装在杴桑（过梁）上部的防水挡雨和装饰构件。是室外门的重要组成构件，而室内门一般不会制作门楣装饰。

门楣按照构造组成的不同，常见的有单层楣截装饰构件门楣、双层楣截装饰构件门楣、有猴面短椽装饰构件的门楣以及带斗栱门楣和雨棚式门楣等类型。

门楣按照压顶材料的不同，有黏土类压顶门楣、鎏金铜皮压顶、琉璃瓦压顶以及边玛草门楣等类别。

（1）单层楣截装饰构件门楣

单层楣截装饰构件的门楣是最为简单的门楣形制，一般使用于次要的、小型门（图6-2）。这种门楣由端部（往外伸出部分）削成楔形或梯形的装饰短椽以及卡板、卡星等配套构件组成。这种装饰短椽称之为楣截，要垂直于墙体安装；门楣两端的楣截为了美观和安装构造的要求，一般要沿着墙体45°斜向安装。楣截截面形制常见的有方形和矩形两种。当为方形截面时，尺寸一般为 $100 \times 60mm \sim 140 \times 140mm$；当为矩形时，高度方向尺寸要略大于宽度方向的尺寸，一般为 $100（140）mm \sim 160（180）mm$，同时，为了能够起到良好的防水挡雨和装饰作用，楣截要伸出杴桑或墙体外部 $150 \sim 220mm$。楣截之间要用厚度为 $15 \sim 30mm$ 的卡板封板予以封堵。楣截上部要安装卡星垫木和央巴石压顶。央巴石压顶可以为单层铺设，也可以为双层铺设。

（2）双层楣截装饰构件门楣

双层楣截装饰构件的门楣是有上、下两层楣截装饰构件（图6-3）。当下楣截的高度刚好与楼、屋面椽子木的高度相同时，可以将椽子木直接伸出至杴桑或墙体外部 $130 \sim 150mm$，此处该构件可以直接称之为椽子木或椽头。下楣截或椽子木端部可以为方形，也可以削成楔形或梯形。截面形制一般为方形或矩形，尺寸一般为 $100（140）mm \times 160（180）mm$，比较常见的有 $120mm \times 140mm$。安装时要与上楣截上、下对应。门楣两端的楣截，可以沿着墙体垂直安装，也可以在端部增加 $1 \sim 2$ 根假椽，沿墙体45°斜向安装。两层楣截之间要用一层25mm左右厚的木板做卡星垫木。另外，根据装饰需求，可以在假椽或椽子木下部安装边玛、曲扎等装饰构件。

（3）猴面短椽装饰门楣

即三层装饰构件的门楣，是比较常见的门楣类型之一。常用于各类门以及门厅

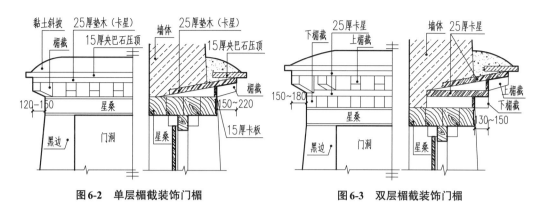

图6-2　单层楣截装饰门楣　　　　　　图6-3　双层楣截装饰门楣

洞口上部的装饰。构造方法是在下楣截或椽子木下部，增加有一根端部似"S"形曲线的猴面短椽装饰构件，猴面短椽与下楣截或椽子木之间使用的垫木称之为帕星（བལ་ཤིང་）。猴面短椽常见截面为方形，也可以为高度方向略大于宽度方向的矩形。截面宽度一般同假椽或椽子木宽度相同，一般为100（140）mm×160（180）mm。另外，在猴面短椽下部根据装饰需求，可以安装边玛、曲扎等装饰构件。

　　三层装饰构件的门楣常见构造方法有两种。一种是使用于普通门的门楣，这种构造是由上楣截、下楣截、猴面短椽三种构件组成的普通门楣（图6-4）。另外一种是使用于门厅等大型洞口上部的门楣。这种门楣的下楣截通常由楼面椽子木替代，同时，因为在洞口的室内和室外两侧均为空白，所以猴面短椽的两端部都需要制作"S"形曲线（图6-5）。猴面短椽的下部通常要安装边玛和曲扎装饰木条。

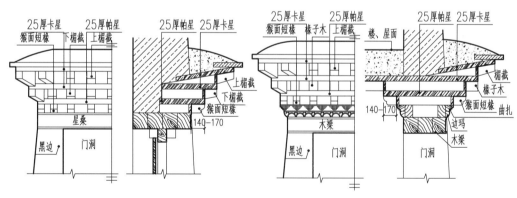

图6-4　三层装饰门楣　　　　图6-5　门厅等大型洞口三层装饰构件门楣举例

（4）带斗栱门楣

　　带斗栱的门楣藏语名称为（ཀ་གཞུ་རྩིག་པ）。在以往，带斗栱的门楣一般使用于重要建筑的大门，但是现在普遍使用于民居等各类建筑的入口大门以及院落围墙的大门装饰（图6-7，图6-8）。斗栱类别详见第五章。

　　带斗栱门楣的构造方法是在距墙体外部50～150mm，通过斗栱，制作"第二圈梁架"，然后在梁架上部安装门楣装饰构件。装饰构件大多为两层，当为大型门时，装饰构件层数可以为三层（具体组合方法同普通门楣装饰构件的组合方法相同）。另外，带斗栱门楣的顶部压顶材料，可以为普通黏土斜坡压顶，也可以为铜皮金顶或琉璃瓦装饰压顶。如色拉寺大门为铜皮装饰、罗布林卡大门为琉璃瓦装饰。

（5）雨棚式门楣

雨棚式门楣常见的装饰构件层数有两层和三层两种类型，其中以三层装饰构件的做法居多。当为两层装饰层时，正面处的下部装饰构件为结构椽子木悬挑而成，椽子木的端部形制可以为方形，也可以为楔形。当为三层装饰构件时，中间位置采用结构椽子木伸出悬挑的方法。椽子木往外悬挑的长度一般为120～150mm。雨棚两侧面，在椽子木同一标高处，采用截面尺寸相同的江尊（假椽）装饰构件。转角处，按照45°斜向安装假椽（图6-6）。

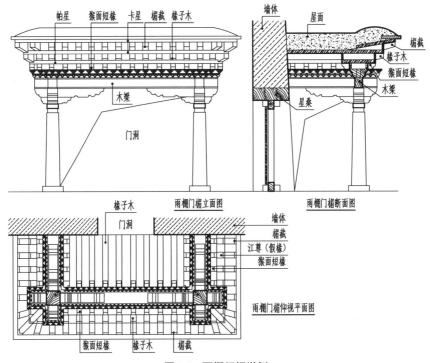

图6-6 雨棚门楣举例

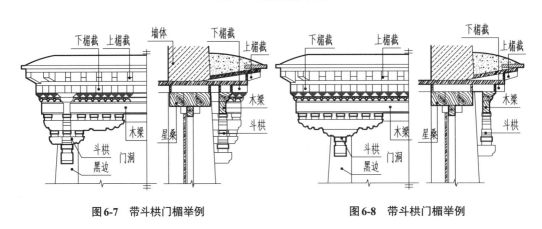

图6-7 带斗栱门楣举例　　　　　图6-8 带斗栱门楣举例

（6）其他门楣

除了上述门楣之外，在阿里、日喀则等局部地方，还有嘎玛木条、边玛草等装饰的门楣。以阿里地区普兰县的此类门楣为例，杊桑（过梁）上部安装有假椽，假椽截面普遍较小，截面形制为方形，但是端部做成圆形，具有比较明显的地方特色。假椽上部安装有嘎玛木条，嘎玛木条上部当安装有楣截装饰构件时，楣截上部还有一层嘎玛木条装饰，形成双层嘎玛木条装饰的门楣（图6-9）。另外一种是在嘎玛木条上部铺设垫木，垫木上部砌筑边玛草，形成边玛草墙式的门楣（图6-10）。

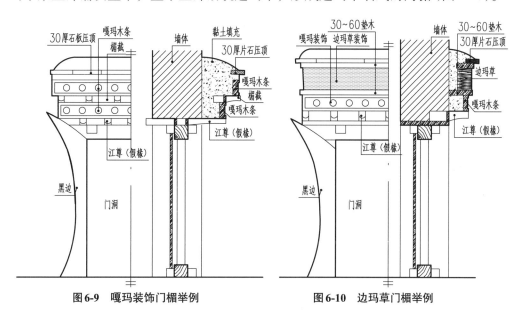

图6-9 嘎玛装饰门楣举例　　　　　　图6-10 边玛草门楣举例

1.2 门楣构件的制作与安装

如本书前面所述，门楣的主要构件包括上楣截、下楣截、猴面短椽以及卡星、帕星等配套构件（图6-14）。制作和安装需要清醒地认识各类构件的位置、功能、形制以及基本的尺寸关系。我们以常见的构件为例，分述如下：

（1）上楣截：是安装在门楣最上部的位置，作用是制作门楣顶部的起翘视觉，为黏土斜坡（檐帽）的铺设奠定基础，同时起到装饰作用。上楣截的端部形制为梯形、楔形或方形，所以根据形制的不同，常见的制作方法有两种：一种是把楣截外部保留方形或制作梯形，同时将尾部削成楔形（图6-11a）；另一种是把尾部保留方形，而外端部削成楔形或梯形（图6-11b）。上述这两种方法不管选择哪种类型，原则是要制作良好的起翘效果。常见的起翘角度为15°左右，在制作大型门楣时，可以根据实际情况适当加大角度。另外，门楣两端，由于安装要求，楣截的高、宽尺寸可以加大约20mm，同时，往外伸出的长度按照勾股定理，约为$\sqrt{2}a$（a为正常伸出长度）（图6-11c）。

（2）下楣截：是安装在上楣截下部的构件。按照端部形制的不同常见的有方形、楔形或梯形。下楣截只要制作卡板的卡口即可（图6-12a），楔形或梯形制作方法同上楣截制作方法相同（图6-12b、图6-12c）。

（3）猴面短椽：是安装在门楣最下部的装饰构件。按照构造方法的不同有两种类型。一种是当猴面短椽的两端部都需要往外伸出时，两端部都需要制作曲线（图6-13a）。另外一种是只有一端需要往外伸出，另外一端埋置在门楣内部时，只需要在伸出外部的端头制作曲线即可（图6-13b）。制作时，通常要使用自制的"模具"来保证曲线的统一。

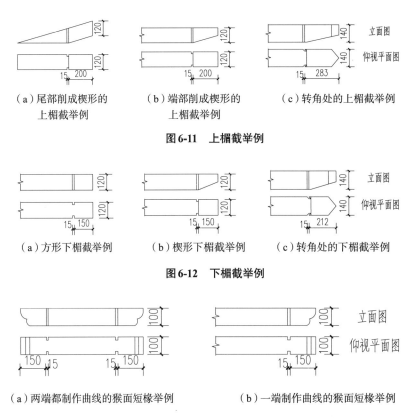

（a）尾部削成楔形的上楣截举例　　（b）端部削成楔形的上楣截举例　　（c）转角处的上楣截举例

图6-11　上楣截举例

（a）方形下楣截举例　　（b）楔形下楣截举例　　（c）转角处的下楣截举例

图6-12　下楣截举例

（a）两端都制作曲线的猴面短椽举例　　　　（b）一端制作曲线的猴面短椽举例

图6-13　猴面短椽举例

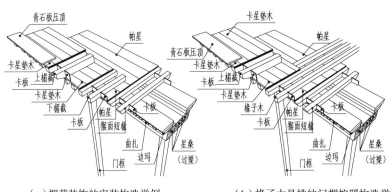

（a）楣截装饰的安装构造举例　　　　　　（b）椽子木悬挑的门楣按照构造举例

图6-14　门楣安装示意图

2.门主体部分的构造及制作安装技术

2.1 常见门的类别及构造

门的主体部分是由门框、门槛、门枕、门扇、杴桑等组成的主要构件以及方形短椽、猴面短椽、边玛、曲扎等组成的装饰构件组合而成，各类构件常用尺寸如表6-1。

门类构件常用尺寸表   表6-1

构件名称	单扇门（mm）	双扇及多扇门（mm）
门框	截面尺寸150（180）×180（240）	截面尺寸150（180）×180（240）
门槛	截面尺寸120（140）×170（190）	截面尺寸170（190）×200（220）
门枕	截面尺寸120（140）×170（190）	截面尺寸170（190）×200（220）
门板	厚度30～50	厚度40～60
杴桑	截面尺寸150（180）×180（240）	截面尺寸150（180）×180（240）
猴面短椽	截面尺寸100（140）×160（180）	截面尺寸100（140）×160（180）
方形短椽	截面尺寸100（140）×160（180）	截面尺寸100（140）×160（180）
边玛	宽度60～70	宽度60～90
曲扎	宽度60～70	宽度60～90
垫木板	厚度20～50mm	厚度20～50mm

门的类别虽然众多，但是从构造组成来分析，不同门的主要区别在于门扇数量的多少和装饰构件繁简程度。因此，我们按照门扇数量的不同，可以划分为单扇门、双扇门、多扇门三种类型。

2.1.1 常见单扇门构造

单扇门是门扇为一扇的门，是使用最为普遍的门，广泛应用于各类房门。单扇门按照装饰构件的繁简程度，常见的有三种类型。一是简易单扇门（图6-15a）。简易单扇门除了门框、门扇、门槛、门枕等主要构件之外，没有其他装饰构件，一般使用于次要的房门。构造方法是以门框、门槛为基本框架，在门的四角通过凹槽插接安装门枕。然后在同一侧的上、下两根门枕之间安装门轴来实现门的开启和关闭功能。二是在门框的左、右两侧以及上部安装边玛、曲扎装饰木条，同时在杴桑下部安装有猴面短椽装饰的单扇门（图6-15b）。构造方法基本同简易单扇门相同，但是因为在此类门的顶部安装有猴面短椽装饰构件，所以没有安装上门枕，其功能由短椽来替代。即门轴安装在下门枕和最边上的猴面短椽之间。但是当门板尺寸较大时，为了良好地承托门板的重量，在猴面短椽下部可以安装通长木梁，并在梁底开槽安装门轴来承托门板。三是安装有边玛、曲扎、猴面短椽以及方形短椽装饰构件的单扇门（图6-15c）。构造方法基本同前面所述门的构造相同。

2.1.2 常见双扇门构造

双扇门主要使用于房屋主要出入口以及院落、围墙上，也是属于使用比较普遍

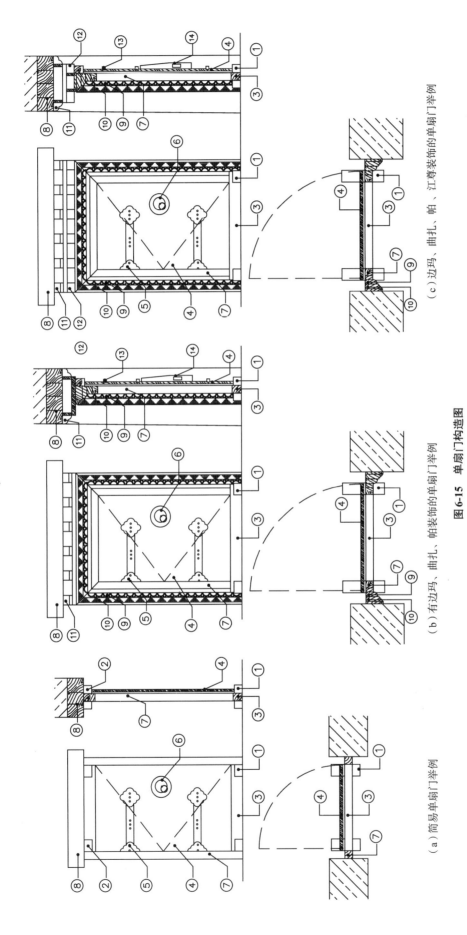

（a）简易单扇门举例

（b）有边玛、曲扎、帕装饰的单扇门举例

（c）边玛、曲扎、帕、江尊装饰的单扇门举例

图 6-15　单扇门构造图

① 门枕（下）　② 门枕（上）　③ 门槛　④ 门板　⑤ 包叶　⑥ 门拔　⑦ 门框　⑧ 松条（过梁）　⑨ 边玛　⑩ 猴面短椽　⑪ 曲扎　⑫ 方形短椽　⑬ 穿带　⑭ 门栓门扣

① ཀ་ཤ།　② ཀ་ཤ།　③ ཕ་གུ་ཐིག　④ ཤིང་འཁོར།　⑤ ལྕགས་རི།　⑥ ལས་འཁོར།　⑦ སྒོ་ཁར།　⑧ གདུང་ཆེ།　⑨ པ་མ།　⑩ སྤྲེའུ་གདོང།　⑪ ཆུ་སྲིན་ཁ་གྱེན།　⑫ དབྱིབས་གྲུ་བཞི།　⑬ ཤིང་ཉི།　⑭ སྒོ་ལྕགས།

传统藏式建筑木作营造技术

的门的类型之一。双扇门可以根据装饰构件的繁简程度予以区分，其类别及构造方法同上述所讲的单扇门的类别及构造方法是相同的，因此不予以重复叙述。另外，因为双扇门有两个门扇，所以有时为了加固或构造要求，在门的中间位置增加一根竖梃，即有竖梃的双扇门（图6-16a）。这类门虽然整体刚度较强，但是因为中间有竖梃，所以通行能力较弱，一般使用于房屋室内。在大门、入口处，使用最常见的是无竖梃双扇门（图6-16b）。

2.1.3　多扇门

当门扇有三扇或超过三扇时称之为多扇门。一般使用于室内装饰要求比较高的房屋，像布达拉宫内多处灵塔殿的大门均为多扇门。多扇门按照门扇数量的不同，常见的有四扇门和六扇门两种类型。以四扇门为例，构造方法是在门的两侧安装两个相对独立的单扇门（安装方法同双扇门的安装方法相同），然后在距门框约1/4处安装两处中梃以及下门枕，并以该中挺和下门枕为框架，分别安装两个门扇，形成四扇门（图6-17）。其余装饰构件的安装方法可以参照双扇门的构造方法。

2.2　门框、门扇及配件制作安装技术

以常见门为例，制作方法如下：

（1）框架制作及安装

门的框架主要包括门框、门枕及门槛三个构件（图6-20）。其中，门枕和门槛是门最下部的两个构件，安装时为了更加稳定，这两个构件通常的埋置深度最小为50mm。同时，因为以这两个构件为基础，要安装门框和门扇，所以在门枕顶面需要开凹槽，门枕内侧需要开设用于安装门轴的榫眼。门槛底面，同样需要开设与门枕相对应的凹槽，并通过凹槽插接方法将这两个构件连接。门槛顶面需要开设用于安装门框的榫眼。横向和竖向的门框构件之间一般采用斜向榫卯连接。

（2）门扇制作

门扇由门轴、门板以及各类配件组合而成。门扇制作必须要满足安全要求，同时，构件之间的连接必须要牢固。尤其门板，因为是由木板拼接而成，所以必须要拼接密实、牢固。常见门板的拼接方法有穿带拼接和加固木板拼接两种方法（图6-18）。其中，穿带拼接方法更多的使用于中小型门板的制作（图6-18a），而加固木板的拼接方法一般使用于大、中型门的制作（图6-18b）。除此之外，如果门板之间还需加强连接，可以在门背面，板与板之间通过银锭扣加强联系（图6-18a）。同时，在门正面通过包叶等铁件进行板与板之间的连接和装饰（图6-21a）。

（3）装饰构件的制作

门上使用的曲扎构件除普通曲扎之外，还有一种特殊的双面曲扎（图6-19b）。这种双面曲扎一般使用于重要的、装饰要求较高的门。构造方法是先独立制作雕刻构件，然后在木板条上拼接组装。

第六章　木装修

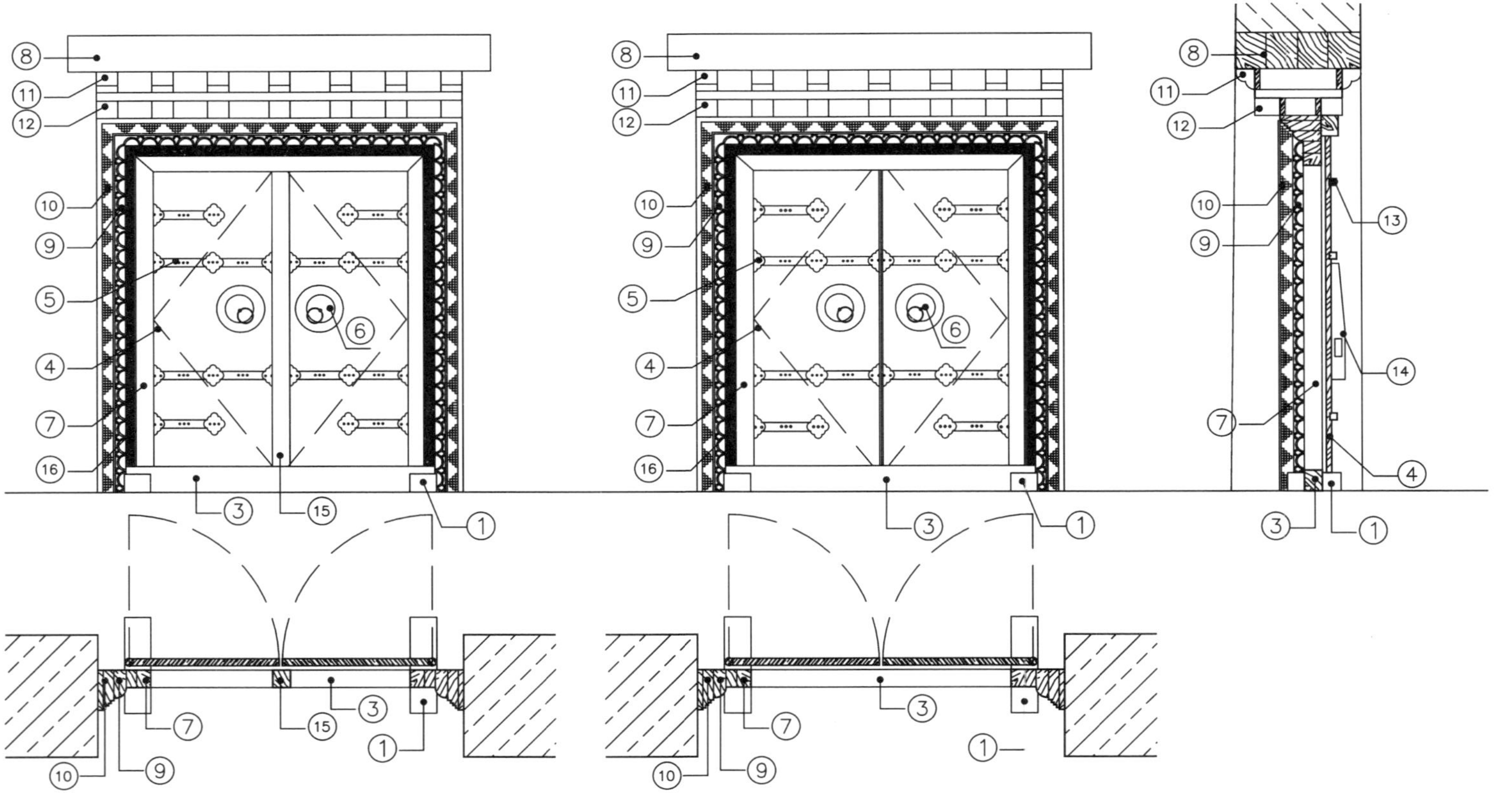

传统藏式建筑木作营造技术

（a）有竖梃双扇图

（b）无竖梃构造图

（c）断面图

图6-16 双扇门举例

①门枕（下）②门枕（上）③门槛 ④门板 ⑤包叶 ⑥门拔 ⑦门框 ⑧档桑（过梁）⑨边玛 ⑩曲扎 ⑪猴面短椽 ⑫方形短椽 ⑬穿带 ⑭门栓门扣 ⑮竖梃 ⑯门脸

① འཁར་གཞོང་། ② ཡ་གཞོང་། ③ ཐེམ་པ། ④ ཤིང་ལེབ། ⑤ མདོག་བསྒྱུར། ⑥ འགྲོ་ལྕགས། ⑦ སྒོ་ཁ། ⑧ ཕུབ་ཤིང་། ⑨ པ་གུ། ⑩ ཆུ་ཡོལ་དུ་ཕུབ། ⑪ སྤྲེལ་གདོང་བརྒྱབ་པ། ⑫ གྲུ་བཞི་ཕུབ། ⑬ སྒྲོག་ཤིང་། ⑭ སྒོ་ལྕགས། ⑮ ཟུར་ཀ། ⑯ སྒོ་གདོང་།

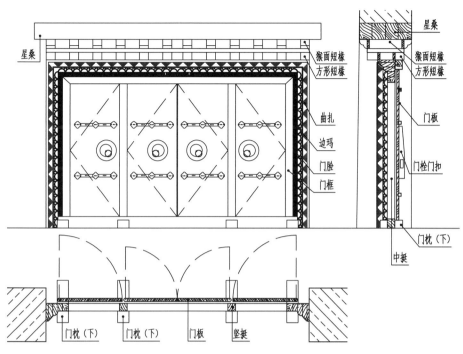

图6-17 四扇门举例

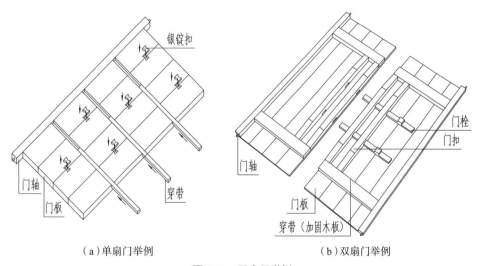

（a）单扇门举例 （b）双扇门举例

图6-18 四扇门举例

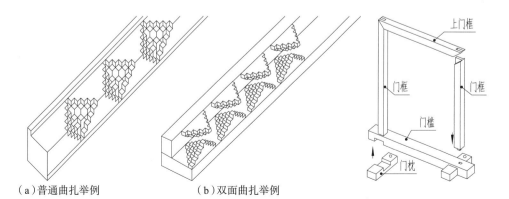

（a）普通曲扎举例 （b）双面曲扎举例

图6-19 曲扎举例

图6-20 门框组装示意图

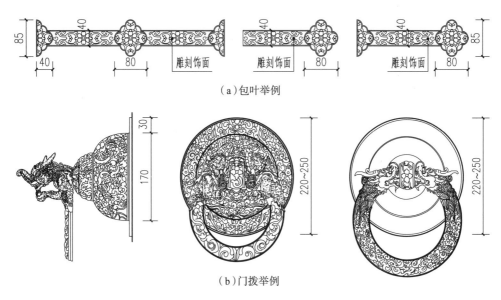

（a）包叶举例

（b）门拨举例

图6-21　门上使用的铜、铁配件举例

二、其他类型门举例

　　藏式建筑因为分布广泛，门的类型非常多样，所以除了上述常见的门之外，还有在不同地区的民居建筑中有许多不同类型的门，这种不同类型门的差异性更多地表现在饰面装饰的表现方法以及构件的不同组合形式上。但是在个别地方，由于受到多种文化因素的影响，形成了与典型藏式门存在较大差异的门的类型。如青海省黄南藏族自治州的藏式民居大门（图6-22），这类大门从外观形制以及构造方法上

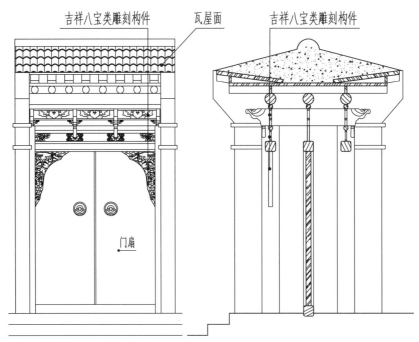

图6-22　青海黄南州藏式民居大门举例

很明显地受到了当地汉、回的影响，但是木构件的饰面彩画或雕刻图案仍然采用典型的藏式吉祥八宝类的图案，是典型的不同文化相互融合下的产物。再如西藏古建筑当中，由于建筑修建年代的久远，大门形制同目前常见的门差异较大，以大昭寺、帕巴拉康、科迦寺等大门为例，这类大门共同的特点是雕刻装饰特别丰富，雕刻内容也不仅仅局限于简单的花、草类图案，还有很多小动物、人物、佛像等内容（图6-24～图6-27）。目前，寺庙类经堂大门门头常用雕刻狮子作装饰（图6-23）。

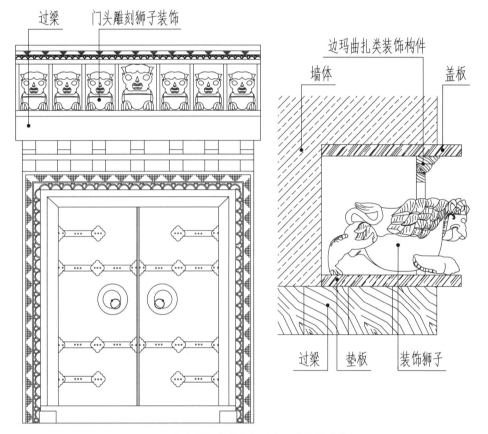

图6-23 寺庙类经堂大门门头狮子装饰构造举例

三、常见窗的构造、类别及制作安装技术

（一）窗户的构造及类别

早期，建筑物的采光和通风、排气等功能主要通过屋顶开设采光口和墙体砌筑成内宽外窄的"缝隙"来实现。如大昭寺主殿、小昭寺主殿、托林寺迦萨殿、白殿、红殿等很多古建筑都是如此。随着建筑技术和建筑材料的多样，如今，窗户普遍使用于建筑物的内、外墙体以及屋面、地垄等各个部位，成为建筑物必不可少的构件。

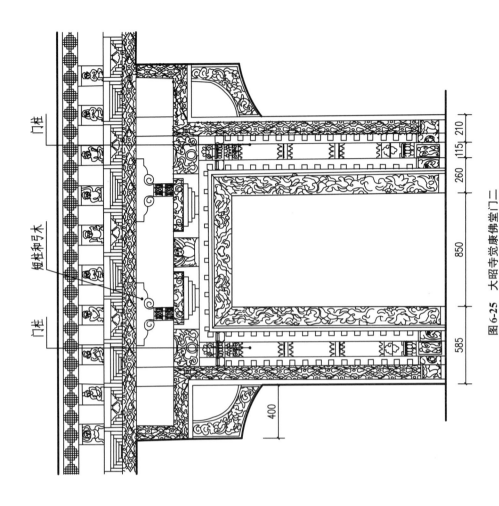

图6-24 大昭寺觉康佛堂门一

图6-25 大昭寺觉康佛堂门二

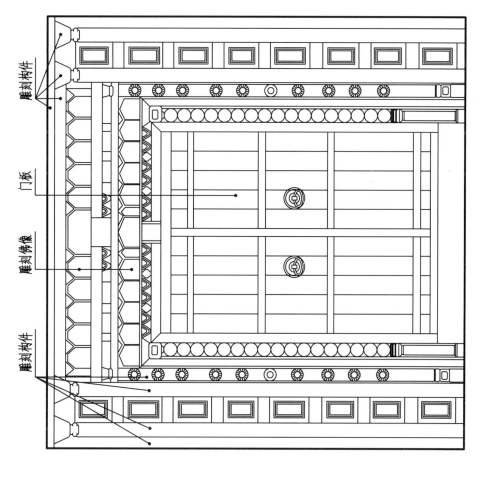

图6-27 科迦寺百柱殿大门

雕刻构件 门板 雕刻佛像 雕刻构件

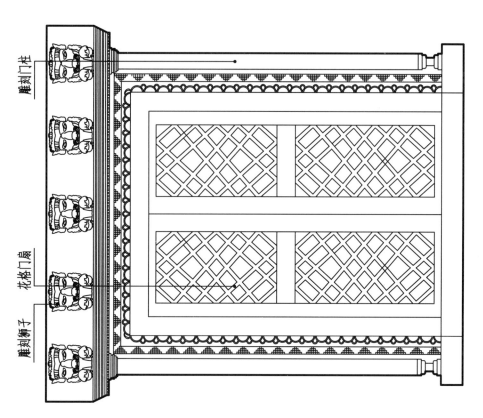

图6-26 吉隆县帕巴寺佛殿大门

雕刻门柱 花格门扇 雕刻狮子

1.窗户的基本构造及组成

窗户由窗楣、窗扇段以及窗户黑边等组成（图6-28）。各类木构件常用尺寸如表6-2。

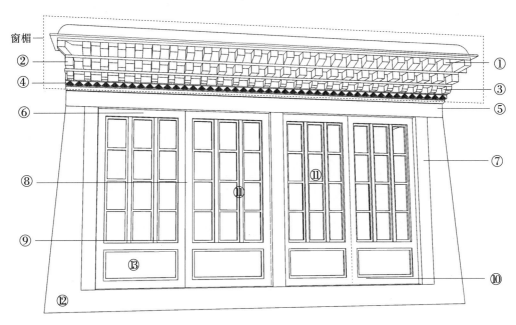

图6-28 典型窗的基本构造组成示意图

① 上楣截　② 下楣截（椽子木）③ 猴面短椽　④ 边玛和曲扎　⑤ 昂星过梁　⑥ 上槛　⑦ 竖梃　⑧ 中梃
⑨ 小梃　⑩ 下槛　⑪ 窗扇　⑫ 黑边　⑬ 封板

① སྐྱི་བཞད་ལ་ཤ།　② སྐྱི་བཞད་འོག་ཤ།（ཞུམ）　③ བབ་སྟེང་གཏེར།　④ པད་མ་དང་ཆུ་འཇེབས།　⑤ ཚོ་ལིང་།　⑥ ཡ་ཐོག　⑦ འཕང་།　⑧ དཀྱིལ་མཐད།
⑨ ཚོག་ལ་གཉག　⑩ འམ་གཏན།　⑪ ཁ་ཐེ།　⑫ ནག་ཐེ།　⑬ པང་ལགས།

窗类构件常用尺寸表　　　　　　　表6-2

构件名称	常用尺寸（mm）
上槛	截面尺寸80×（80～120）～150×（150～170）
下槛	截面尺寸80×（80～120）～150×（150～170）
竖梃	截面尺寸100×（100～120）～170×（170～190）
中梃	厚度90×90～150×150
窗户过梁	截面尺寸150（180）×180（240）
猴面短椽	截面尺寸100（140）×160（180）
方形短椽	截面尺寸100（140）×160（180）
楣截	截面尺寸100（140）×160（180）
边玛	宽度50～70
曲扎	宽度50～70
各类垫木板	厚度20～50

（1）窗楣：有普通窗楣、带斗栱的琉璃或金顶式窗楣以及边玛草墙式的窗楣等类型，其构造及制作安装技术同门楣构造和制作安装技术相同。

（2）窗扇段：由上槛、下槛、竖梃、中梃等组成的主要框架构件和窗扇组合而成。其中，窗扇是窗户中变化最大的部分，按照形制和构造方法的不同，有木板窗扇、普通格子窗扇、简易图案装饰的窗扇、雕刻构件装饰的窗扇以及格栅窗和使用于地垄层专用通风的固定窗扇等多种类型（图6-29）。组合方法在拉萨地区常

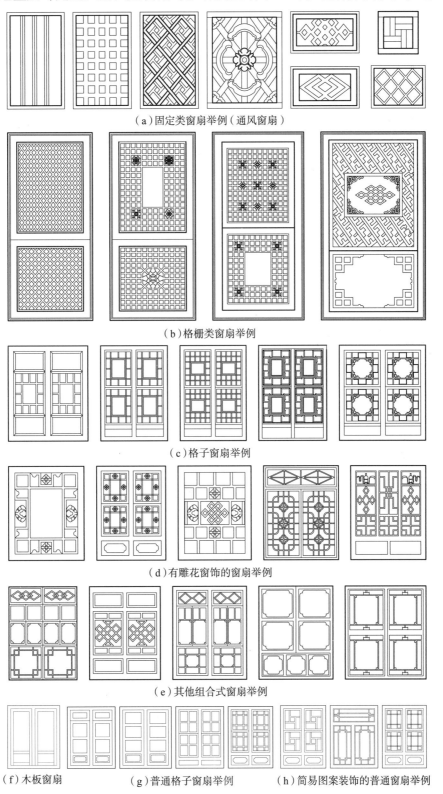

（a）固定类窗扇举例（通风窗扇）

（b）格栅类窗扇举例

（c）格子窗扇举例

（d）有雕花窗饰的窗扇举例

（e）其他组合式窗扇举例

（f）木板窗扇　　　（g）普通格子窗扇举例　　　（h）简易图案装饰的普通窗扇举例

图6-29　窗扇举例

见的有两种：一种是在窗框内侧直接安装窗扇的简易组合方法（图6-28）；另一种是在过梁和上槛之间安装方形短椽或者方形短椽和猴面短椽装饰构件的组合方法（图6-30a）。另外，在昌都、甘孜等地方，窗框的左、右、上三面有安装边玛木条或边玛和曲扎组合装饰构件的做法（图6-31a）。在山南、日喀则等地方，上槛和猴面短椽之间有安装边玛木条的组合做法（图6-31b）。总之，窗扇段按照地域的不同，组合形式是非常多样的。

（3）黑边：有简易梯形和带曲线的黑边两大类（图6-31）。黑边一般为涂刷的饰面装饰，但是在香格里拉的传统建筑中有使用木制"黑边"（窗套）的制作方法。

另外，在有些贵族庄园的窗户下部，为了强化装饰效果以及便于排水，也有制作单层或双层装饰构件的窗台构造做法（图6-30b）。

2.常见窗户类别

窗户按照位置的不同，有室外窗、室内窗、屋顶天窗、中庭大窗等；

按照构造方法和使用功能的不同有普通窗户、叉介窗户、通风窗、热赛窗等四种类型。另外，按照窗扇类别、装饰装修或者区域构法的不同，也可以划分为拉萨

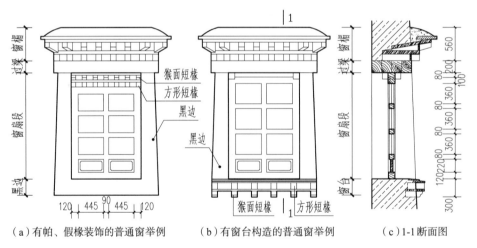

（a）有帕、假椽装饰的普通窗举例 （b）有窗台构造的普通窗举例 （c）1-1断面图

图6-30 普通窗举例

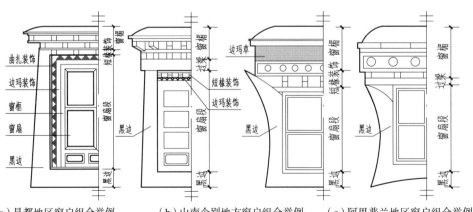

（a）昌都地区窗户组合举例 （b）山南个别地方窗户组合举例 （c）阿里普兰地区窗户组合举例

图6-31 不同地方典型窗户举例

地区窗户、阿里地区窗户、昌都地区窗户、青海地区藏式窗户等类型。

2.1 普通室内、外窗户

普通室内、外窗户（藏语名 ཤེལ་ཁུང་།），是窗扇为一至两扇的小型窗户的统称。是使用最为普遍的窗户类型，广泛使用于各类建筑（图6-30，图6-31）。

2.2 叉介窗户

叉介窗户（藏语名 ཁ་བཀོད།）是隔扇类大型窗户的统称。一般出现在建筑入口或门厅上部以及庭院、天井等位置。

2.3 通风窗

通风窗（藏语名 ཁ་ཁུང་།）是使用于地龙层或封闭空间的通风用窗。通风窗的窗扇一般为格栅式或雕刻类的固定窗扇，没有开启和关闭功能。

2.4 热赛窗

热赛窗按照平面形制和安装位置的不同，有普通热赛窗、热赛隆布窗、森琼热赛窗等三种类型。

（1）普通热赛窗（藏语名 རབ་གསལ།）和热赛隆布窗（藏语名 རབ་གསལ་ལྕོག་འབུར།）一般使用于宫殿、寺庙、庄园类大型建筑门厅柱子上部。当窗户平面为"一"字形时称之为普通热赛窗（图6-33）；当窗户两端有转角构造，平面呈"U"形时，称之为热赛隆布窗（图6-34）。普通热赛窗或热赛隆布窗因处于建筑立面重要的位置，因此装饰相对于普通窗户要豪华，构造组成上除了有常规的窗楣、窗框、窗扇以及边玛、曲扎等装饰构件外，还会出现栏杆、柱子等构件。热赛窗布置时一般选择在顶层布置，当布置在其他楼层时，该楼层以上的几层均需要做同样的热赛窗。

（2）森琼热赛窗（藏语名 ཟུར་འཛོམ་རབ་གསལ།）是平面形制为"L"形的转角窗，一般出现在宫殿、贵族庄园等建筑的外转角处，布置时为了减轻转角位置墙体荷载，一般选择在顶层布置。当布置在其他楼层时，该楼层上部几层也会做转角窗以便合理的受力。如布达拉宫西日光殿、山南郎色林庄园等。转角窗的主要优点是可以最大限度地延长日照时间，提高室内环境的舒适度（图6-32）。

2.5 屋顶天窗、中庭天窗

屋顶天窗和中庭天窗（藏语名 ཡང་ཡོལ་ཁུང་།）根据实际需求，平面可以布置为"一"字形、"L"形、"U"形、"口"字形等类型。构造方法与热赛窗类构造方法相似。

（二）窗户构件的制作及安装

窗楣各类构件的制作方法与门楣的制作方法相同。窗扇段制作时，首先要完成窗框的制作，制作需要掌握窗框各类构件之间的连接方法，常见的以阴阳榫连接构造为主（图6-36a）。在极少数叉介类大型窗户的上槛与竖挺连接采用斜向榫卯构造（图6-36a）。窗扇一般为独立制作，然后安装在窗框指定位置。窗扇构件之间的连

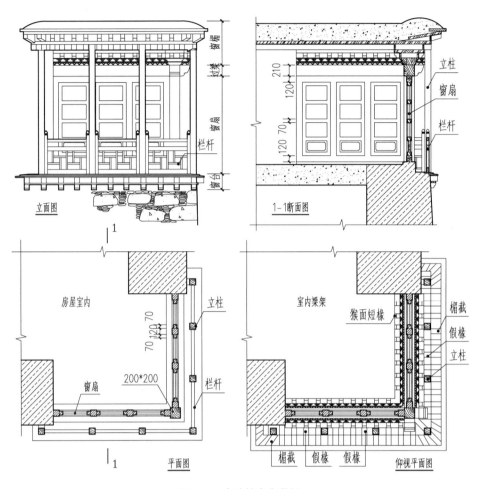

图6-32　森琼热赛窗举例

立面图

1-1断面图

平面图

仰视平面图

接同样采用阴阳榫构造（图6-36b）。另外，当窗户需要安装玻璃时，窗扇各构件内侧还需要留置安装玻璃的位置（1-1断面图，2-2断面图）。

传统藏式建筑木作营造技术

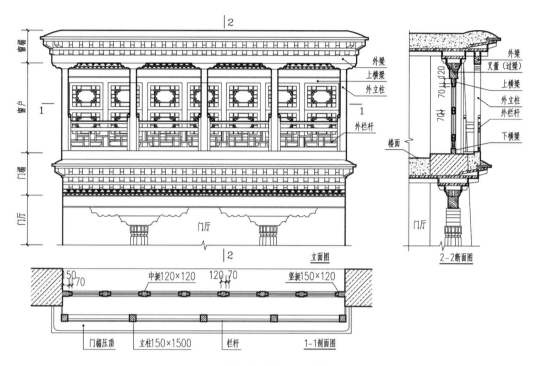

图 6-33　普通热赛窗举例（带栏杆）

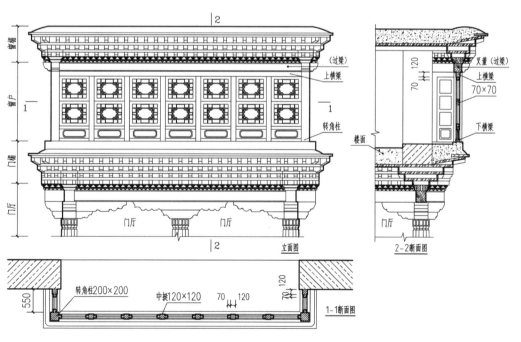

图 6-34　热赛隆布窗举例（未带栏杆）

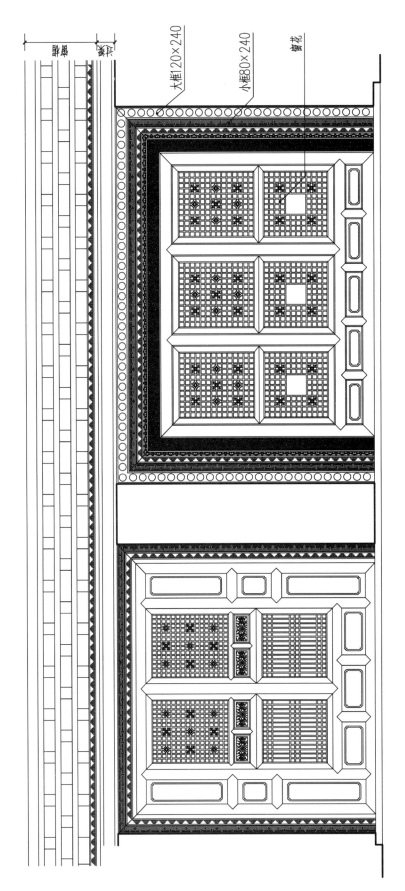
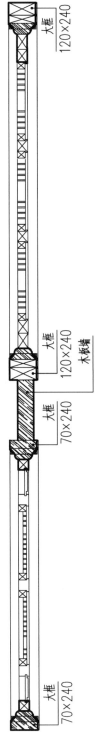

大框120×240

小框80×240

窗花

大框 120×240

大框 120×240

木板墙

大框 70×240

大框 70×240

替木

椽子

图6-35 格栅类窗户举例

○ 传统藏式建筑木作营造技术

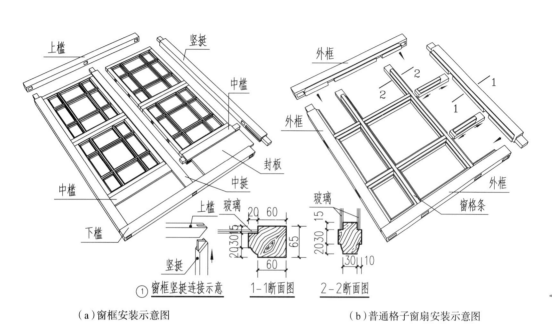

（a）窗框安装示意图

（b）普通格子窗扇安装示意图

图6-36　普通格子窗扇安装示意图

第二节 墙面装饰

藏式建筑装饰内容以社会人文和民族文化为背景和主线，以优化室内、外环境为宗旨，通过就地取材的原则，绘制壁画、彩画或涂刷、描绘，或者在墙面安装装饰构件等方法来创造丰富的室内外环境，具有鲜明的地域建筑文化特色，是藏族文化艺术、宗教艺术、建筑艺术的综合表现。

墙面装饰手段如上所述，常见的有壁画彩画、涂刷法以及预制装配式等类型。本书以木作相关的装饰方法为重点，分别介绍外墙装饰和内墙装饰。

一、外墙装饰

外墙装饰按照装饰部位的不同，有女儿墙装饰和普通墙面装饰两种类型（平顶挑檐类建筑檐口装饰组合方法参考本书第三章内容）。

按照构造方法和装饰材料的不同，有普通女儿墙装饰、边玛草墙装饰、墙面斗栱和柱子装饰以及墙面飞檐装饰等类型。

（一）普通女儿墙装饰

女儿墙藏语名称为"贡拉"，是砌筑在院落围墙的顶部以及建筑屋面以上的墙体。女儿墙可以起到屋面的安全防护和墙体顶部的防水以及墙体造型的美化等功能。普通女儿墙按照砌筑材料的不同，有石砌女儿墙、土坯砖女儿墙、夯土墙以及其他女儿墙体等类型。常见装饰方法是在墙帽下部，或者在女儿墙范围，安装短椽为主的木构装饰构件，然后通过涂刷颜色，起到装饰和点缀作用。这组装饰构件统称为檐饰（藏语名称བད་ཁྱེད）。

普通女儿墙按照檐饰层数的不同，有单层檐饰女儿墙和双层檐饰女儿墙之分。

单层檐饰使用于普通的、次要建筑女儿墙装饰。由短椽、卡星垫木以及青石板压顶等组合而成（图6-37a）。各类木构件的常用尺寸如表6-3。

双层檐饰普遍使用于民居、僧舍，以及普通庄园类建筑女儿墙装饰，是比较常见的女儿墙装饰类型（图6-37b）。双层檐饰女儿墙的构造方法是在砌筑墙体的同时，在屋面椽子木的高度或者大概在屋面板范围之内，沿着墙体外侧铺设短椽，铺设时短椽需要伸出墙外80～150mm，然后在其上部铺设40～50mm厚的通长垫木和央巴片石来压实固定第一层短椽。在墙体顶部，沿着墙体外侧或者在墙体的

女儿墙装饰短椽常用尺寸表　　表6-3

构件名称	宽度/mm	高度/mm	安装时中心间距/mm
方形	80	80～100	200～220
	100	100～120	250～300
	120	120～140	300～350
	150	170	550
圆形	ϕ100		250～300
	ϕ120		300～350
卡星垫木	厚度30～60		

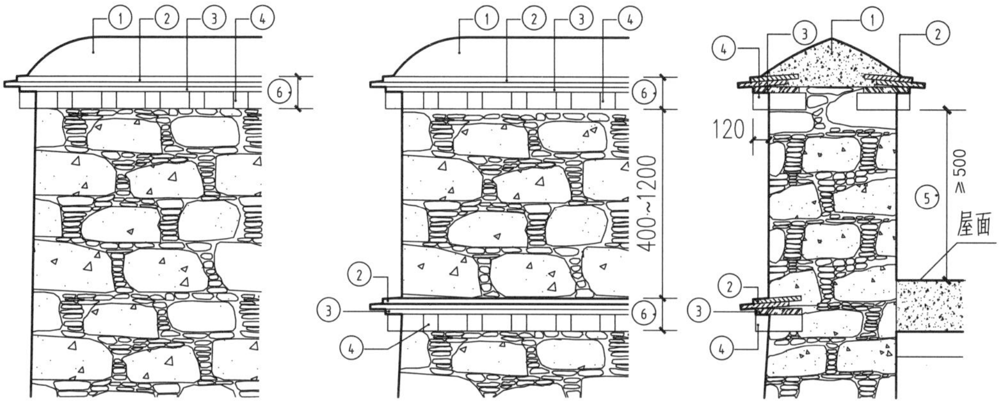

（a）单层檐饰女儿墙举例　　（b）双层檐饰女儿墙举例

图6-37　短椽装饰女儿墙举例

① 墙帽　② 央巴片石压顶　③ 卡星垫木　④ 短椽　⑤ 女儿墙　⑥ 檐饰

① ཞ་རྒྱབ།　② རྡོ་གཡམ།　③ ཁ་ཤིང་།　④ བད་ཕུར།　⑤ ཕོང་ལ།　⑥ བད་ཕུར།

内、外两侧铺设短椽，同时为了便于排水，短椽要伸出墙体80～150mm，然后在墙体内、外两侧的短椽上部，分别铺设40～50mm厚的通长垫木和央巴片石压顶，并夯筑墙帽予以压实和固定，完成双层短椽的安装工作。另外，当为双层檐饰装饰时，上、下两层檐饰之间的距离，按照建筑体量大小的不同一般为400～1200mm不等。

（二）边玛草墙装饰女儿墙

1.边玛草墙类别及各部位名称

边玛草墙是采用当地边玛枝条（柽柳枝）捆绑砌筑的一种墙体。一般出现在女儿墙位置或者在建筑物的顶层。边玛草墙具有良好的承载能力和装饰功能，因此广泛应用于宫殿、寺庙等重要建筑的女儿墙装饰，是体现建筑重要性的标志之一。

西藏地区常见边玛草墙按照墙体层数的不同，有单层边玛草墙和双层边玛草墙两种形式（图6-38）。单层边玛草墙一般出现在女儿墙位置，同女儿墙的整体高度是一致的，高度一般为400～1200mm。双层边玛草墙一般使用于如寺庙集会大殿等重要的建筑。当出现双层边玛草墙时，下部段的边玛草墙称之为"边钦"，"边钦"高度一般为1000mm左右，也可以将建筑物的顶层整体外墙砌筑成边玛草墙，即"边钦"高度可以为建筑物顶层的高度。上部段的边玛草墙称之为"边琼"，"边琼"高度一般同女儿墙整体高度相同。边钦和边琼之间，采用青石板、短椽等制作腰线予以分开。另外，边玛草墙使用的装饰木构件除了短椽之外，还有嘎玛木条。常见组合方法是最顶部（墙帽下部）位置，短椽在上，嘎玛木条在下；底部位置，嘎玛木条在上，短椽在下。当为双层边玛草墙时，中间腰线木构件的组合方法为短椽在上，嘎玛木条在下（图6-38）。

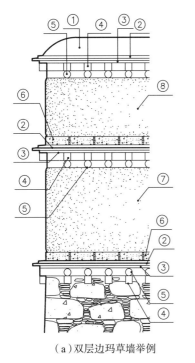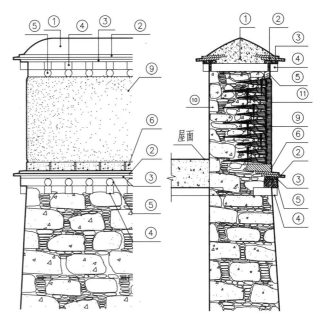

（a）双层边玛草墙举例　　　　　　　　（b）单层层边玛草墙举例

图6-38　边玛草墙类别及组成

① 墙帽　② 央巴片石压顶　③ 卡星垫木　④ 短椽　⑤ 嘎玛木条　⑥ 防水石板　⑦ 边钦（宽边玛墙）
⑧ 边琼（窄边玛墙）　⑨ 普通边玛草墙　⑩ 女儿墙　⑪ 栗楔

① གྱང་ཁེབས།　② རྡོ་གཤགས་མ།　③ ཁ་སྦྲེལ་ཤིང་།　④ བད་ཕྱར།　⑤ སྐྱར་མ།　⑥ ཆུ་གཅོད།　⑦ སྙེན་ཆེན།　⑧ སྙེན་ཆུང་།　⑨ སྙེན་རྙིང་།　⑩ གོང་མ།　⑪ ཚར་བུའི་ཕུར་པ།

除了上述西藏地区常见的边玛草墙组合方法之外，在甘孜等地方的个别寺庙建筑外墙还有三层装饰的边玛草墙（图6-39a）；在青海等地方的寺庙建筑中有封闭嘎玛木条的"回"字形边玛草墙或仿边玛草墙（图6-39b）。另外，还有边玛草墙和琉璃瓦结合的构造方法。

青海、甘孜等地方的边玛草墙装饰木构件组合方法同西藏地方的组合方法存在若干差异，尤其青海地区，很多边玛草墙最下部装饰木构件的组合方法是短椽在上，嘎玛在下，这与西藏地方的组合方法是相反的，在墙体转角位置，多处嘎玛木条呈封闭布置。总之，按照地区的不同，边玛草墙或仿边玛草墙的组合形式上存在细微的地域差异。

（a）三层边玛草墙示意图   （b）青海塔尔寺边玛草墙举例

图6-39 不同组合形式的边玛草墙举例

2.边玛草墙施工工艺

常见边玛草墙是把边玛树枝捆绑成束条后砌筑而成，具体工艺包括：找平放线—墙身砌筑—装饰木构件的安装—夯筑墙帽—加固涂色共5个步骤。

（1）找平放线：将要砌筑边玛草墙的基层墙体顶面使用黄泥砂浆找平，然后沿着水平和竖向放线，以保证墙体砌筑的横平竖直；

（2）墙身砌筑：墙身砌筑包括3个步骤。

①材料的加工：筛选、刮皮、晒干边玛树枝，要求筛选的边玛直径不宜过大（约筷子直径）而且不允许有弯曲或折断现象。捆绑边玛用的牛皮绳为了保证在捆绑时具有良好的延展性能和捆绑干燥后具有良好的收缩性能，需要用水浸泡，浸泡时间一般为一天。

②捆绑、坎切：根据不同墙厚需求，将晒干后的边玛枝条用牛皮绳捆绑成直径约100mm的边玛束条，同时将朝外侧的边玛平面要砍切平整，朝内侧或尾部边玛（藏语名ɡ̌ྐ）可以有适当的长短，方便与贡拉做拉结。砍切完成后的边玛束条，长度一般不宜小于墙厚的2/3（图6-40d）。

③砌筑边玛：将捆绑好的束条边玛按照长短交叉，尾部朝内的原则垒砌至所需高度。长度较长的边玛尾部要深入至女儿墙（贡拉）石块之间，并做好压实工作，以起到良好的拉结作用。砌筑时束条边玛之间要用泥浆灌缝密实，不宜留置大空隙，每层砌筑时应放置水平基准线，保证垒砌高度基本一致，垒砌面基本平直。同时，上下两层束条边玛之间要用栗楔星形加固。

转角处，边玛草墙垒砌必须要保证笔直，否则会影响整体边玛草墙的稳定性和美观。首先，要将束条边玛捆绑成组，一般以三、四束边玛捆绑成组；其次，把成组的束条边玛按照垒砌角度的要求，将其端部砍切成直角和带有一定角度的斜角，即成了"苏边"（ཟུར་ཐིག）（图6-40b）和"涩边"（སགཐིག）（图6-40c）。最后，将苏边和涩边在墙体转角处安装并固定、调整、加固即可（图6-40a）。

（3）安装木构件：边玛草墙砌筑完成后按照装饰层数的不同放置嘎玛木条、短椽、卡板、卡星等装饰木构件。需要注意的是，当墙体为边玛草墙时，为了能够起

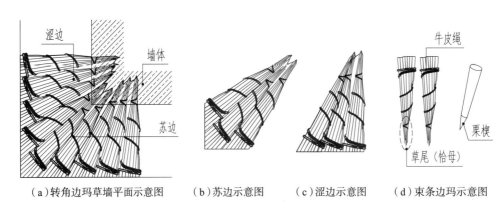

（a）转角边玛草墙平面示意图　　（b）苏边示意图　　（c）涩边示意图　　（d）束条边玛示意图

图6-40　转角位置边玛草墙构造图

到良好的压实、固定作用，装饰短椽一般为墙体两侧通长的短椽，即短椽长度为墙体厚度＋两侧伸出长度（图6-38）。当然，也可以在内外两侧墙上单独布置两排独立的小短椽。

（4）夯筑墙帽：夯筑墙帽之前，在墙体两侧应安装青石板。青石板安装时为了便于合理的排水，应适当做排水坡度，并应挑出墙体外至少150mm。当需要挑出的深度较大时，青石板可以铺设2～3层，层层往外挑出。安装完成青石板之后，分层夯打出阿嘎土。墙帽顶部为便于排水，应做成弧形。阿嘎土夯打完成后，在要求高的地方用鹅卵石反复摩擦墙帽表面，直至浮现阿嘎土碎石轮廓，就算基本完成墙帽的夯筑工作。

（5）加固涂色：待墙帽夯筑完成之后，为了加强边玛草墙的整体刚度和稳定，选择一定数量的单根边玛枝条，通过人工加塞的方法，填补边玛草墙空隙，直至边玛完全密实，无空洞和松动现象。加固工作应每年进行。

最后，用藏红色灰浆喷洒至边玛草墙树枝，待养护晾干，完成所有工作。

（三）墙面斗栱、柱子、飞檐装饰

1.墙面斗栱装饰

斗栱在外墙面的出现形式主要有腰檐斗栱、飞檐斗栱以及其他斗栱三种类型。

（1）腰檐斗栱：当建筑主体墙段为红色或黄色时，为了与红色边玛草墙区分颜色，通常在边玛草墙与主体墙段中间留一段白色墙体，即"吉扎"。而吉扎与下部红色墙体之间一方面为了分隔更加明显；另一方面为了丰富立面效果，通常会做斗栱的腰檐装饰。这种做法既起到颜色的分界作用，又起到良好的装饰作用。常见于宫殿、寺庙等重要建筑的外墙装饰（图6-41b，图6-42）。安装腰檐斗栱装饰时，上部墙段的边玛草墙大多为双层边玛草墙，在个别建筑中有单层边玛草墙和腰檐斗栱的组合形式。

（2）飞檐装饰：当屋盖为金顶屋盖时，为了丰富建筑立面，沿着金顶往下，在外墙面上制作重复的"金顶"，俗称飞檐。飞檐既是金顶的一部分，也是墙面装饰的一部分。飞檐一般与斗栱和鎏金铜皮或黄色铜皮组合而成，飞檐的层数可以是单层的也可以是多层的（图6-41c）。

（3）其他斗栱：除上述两种斗栱装饰之外，在天井和内庭院的墙体饰面，也有使用斗栱装饰的构造方法（图6-41a）。但是这种装饰方法除个别寺庙建筑外，日喀则等地方的民居建筑中居多，其他建筑中不多见。

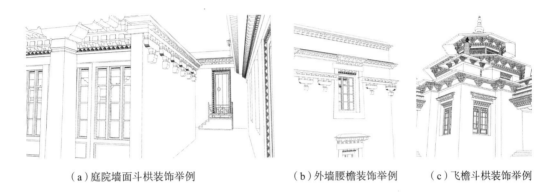

（a）庭院墙面斗栱装饰举例　　　　（b）外墙腰檐装饰举例　　　（c）飞檐斗栱装饰举例

图6-41　转角位置边玛草墙构造图

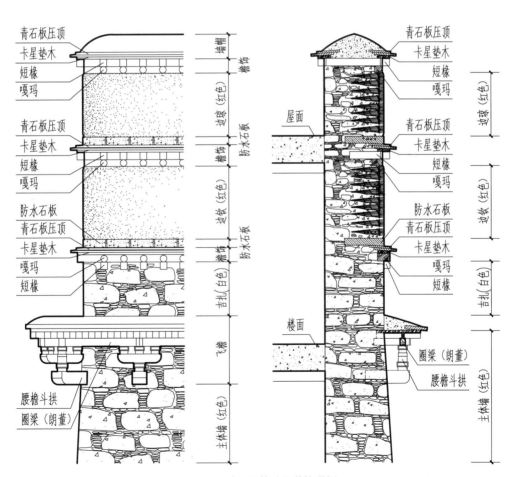

图6-42　墙面腰檐斗栱装饰举例

2.墙面柱子装饰

外墙安装柱子的装饰方法在传统藏式建筑中不多见，最为典型的有西藏阿里地区普兰县科迦寺觉康殿建筑外墙（图6-43）。觉康殿建筑外墙通过墙体的收分和饰面颜色的变化，将墙体从下往上分隔成两大段，四小段。第一大段为主体墙段，该段通过颜色的变化，将墙体分隔为两小段。第一小段墙体饰面颜色为朱红色；第二小段墙体饰面为黄色，两小段之间通过制作石板腰线予以分隔。第二大段通过装饰构件和材料、颜色等变化，同样分隔为两小段，即第三小段和第四小段。第三小段墙体饰面为白色，并且通过墙体往内侧收分的方法，在第二小段墙体顶部立木柱，同时在柱子上面安装有木梁、短椽、嘎玛木条等装饰构件，是属于比较特殊的外墙装饰方法。第四小段为顶部的边玛草墙段，边玛草墙上部的檐饰构件中没有安装嘎玛木条，而是采用双层短椽的装饰方法，这种檐饰组合的方法同拉萨、日喀则等地方的边玛草墙檐饰组合方法也有细微差别。

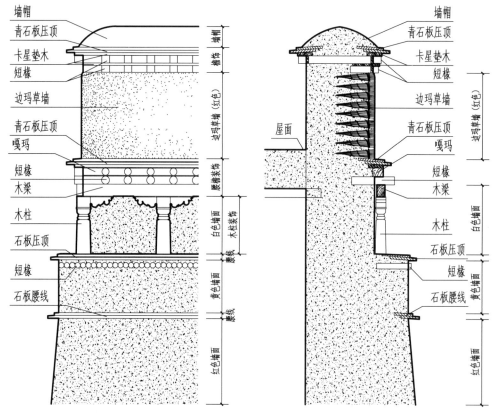

图6-43　墙面木柱装饰举例

■ 二、内墙装饰

传统的室内墙面装饰手段最为普遍的当属壁画、彩画的绘制。因为壁画和彩画所能表现的内容极其广泛，可以根据建筑性质的不同，表现不一样的题材。同时，通过壁画和彩画的绘制，能够创造较好的室内空间环境，所以普遍使用于各类建筑，成为具有浓郁地域文化特色的室内装饰手法。但是，这种装饰手法需要投入较大的人力和财力，尤其壁画装饰需要耗费大量的时间和金钱，所以只有在宫殿、寺庙、园林、庄园等建筑的重要房间，具有足够财力支撑的条件下才会选择壁画装饰。而彩画装饰可以根据实际情况，可简可繁，而且根据房间使用性质的不同，可以灵活处理彩画内容，因此广泛使用于宫殿、寺庙、庄园等建筑次要房间以及民居建筑的室内装饰。

除了壁画彩画的装饰手法之外，还有一种使用糌粑，在室内墙面点涂吉祥八宝类图案的装饰手法也是具有鲜明特色的藏式建筑室内墙面装饰手法，这种装饰手法在西藏地区的民居建筑中也是属于使用比较普遍的室内墙面装饰类型。另外，在个别古建筑的室内墙面有使用斗栱装饰的手法，如夏鲁寺二层西无量宫佛殿（图6-44a）。

在"现代"藏式建筑室内墙面装饰时，传统的梁、柱构件成为重要的室内装饰构件，同时，边玛、曲扎以及雕刻木板也是必备的室内墙面装饰构件。另外，在梁、柱组合的基础上，室内斗栱的使用也越来越普遍（图6-44b，图6-44c）。

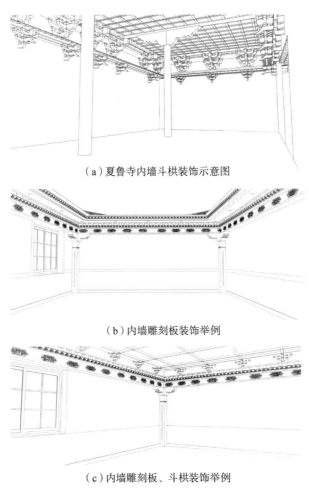

（a）夏鲁寺内墙斗栱装饰示意图

（b）内墙雕刻板装饰举例

（c）内墙雕刻板、斗栱装饰举例

图6-44 室内墙面装饰举例

■ 三、室内木质隔断

隔断（藏语名ཕུག）是用于分隔室内空间的轻质墙体类型。木质隔断一般出现在室内柱子之间，高度大多为地面至梁底高度。

木质隔断主要构造包括框架构件和封板两个。构造方法是先制作框架构件，然后安装封板构件，构造方法比较简单。常见的隔断按照封板构件的不同，有通透隔断、非通透隔断以及组合式的隔断三种类型。另外，隔断按照有无带门或门洞，分为普通隔断和带门或门洞的隔断两种类型。

1.通透隔断：是隔断主体面板为镂空的隔断类型，是最为常见的隔断形式。通透隔断常用封板构件有雕刻的镂空构件、格栅式的窗扇构件以及拼装图案的封板等类型。

通透隔断组合形式是多种多样的。常见组合方法有全镂空的隔断（图6-45）；上、下两端采用实木封板，中间采用镂空封板的隔断（图6-46）；下部为实木封板，上部为镂空封板的隔断等类型（图6-47）。

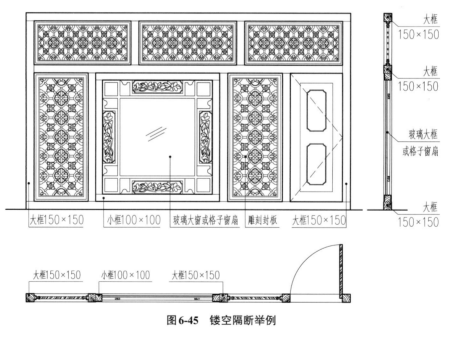

图6-45 镂空隔断举例

○ 传统藏式建筑木作营造技术

2.非通透隔断：是实木板作为隔断封板的隔断类型。这种隔断往往在封板饰面绘制精美的彩画图案，所以能创造良好的艺术效果。非通透隔断一般使用于封闭的、没有采光和通风要求的空间分隔。

3.组合式隔断：是隔断封板有部分采用实木封板，部分采用通透封板的隔断形式。组合式隔断的镂空封板，有采用雕刻的镂空封板，也有采用拼装图案的镂空封板（图6-47右）。

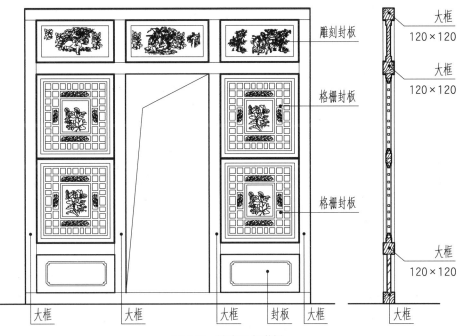

图6-46 镂空隔断举例

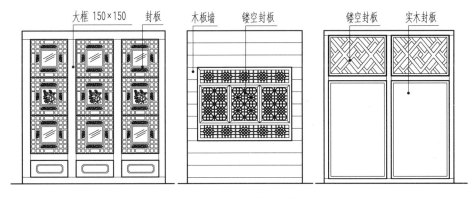

图6-47 不同类别隔断举例

第三节 天花、藻井

一、天花

天花使用于房屋室内顶部，是具有装饰和承载功能的构件，是传统藏式建筑楼、屋面的重要组成内容。常见天花制作方法是以楼、屋面椽子木作为基层，在椽子木上部，直接铺设栈棍或望板即可。天花用的栈棍或望板饰面常常予以油饰或彩画装饰，从而能够起到良好的室内装饰作用。在个别古建筑中，为了能够更好地起到装饰作用，也有在椽子木下部安装双向木龙骨，然后安装望板的构造方法。这种构造方法隐藏了楼、屋面的椽子木构件，室内空间显得更加整洁统一（图6-48）。

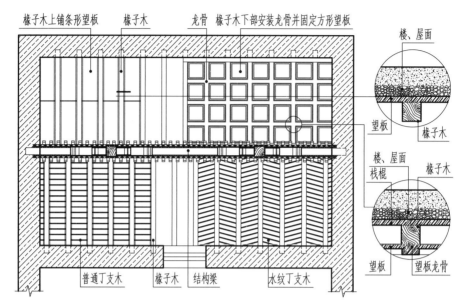

图6-48 不同形制天花举例

天花按照构造方法的不同，有栈棍天花和望板天花两种类别。

1.栈棍天花

栈棍天花是传统藏式建筑最为普遍的天花类型，广泛使用于各类建筑。栈棍天花按照铺设方法的不同，又可以分为乱铺栈棍天花、普通丁支木天花、水纹丁支木天花三种类型。

1.1 乱铺栈棍天花（ཀ་ལ་མ།）

是使用直径为40～60cm左右的树枝，在椽子木上部随意铺设形成的天花类型。这种天花构造简单，并且栈棍饰面一般不会做油饰装饰，不讲究室内美观，所以一般使用于民居建筑以及其他建筑次要房间的天花装饰。其栈棍的主要功能是承接楼、屋面的重量，并阻止掉落楼、屋面层内铺筑的小石头。

1.2 普通丁支木天花（ཉིང་ཐུག）

是使用长度为50cm左右，宽度为20cm左右，厚度为40～60mm左右的条形栈棍，在椽子木上部排列铺设形成的天花类型。这种天花虽然构造简单但是因为栈棍铺设整洁，并且栈棍饰面有油饰装饰，所以能够创造良好的室内环境。一般使用于宫殿、寺庙等建筑较为重要的房间天花装饰（图6-48左下）。

1.3 水纹丁支木天花（ཆུ་རིས་ཉིང་ཐུག）

是使用长度为50cm左右，宽度为20cm左右，厚度为40～60mm左右的条形栈棍，在椽子木上部按照一定角度（一般为15°左右），呈"八"字形布置的天花类型。丁支木天花构造相对复杂，但是因为这种天花富有变化，能够创造较好的室内空间，所以成为重要房间天花装饰的必选类型之一（图6-48右下）。

2.望板天花（ཤིང་ལེབ།）

望板天花是在室内顶面安装木板的天花类型。按照望板安装位置的不同，有椽子木上铺望板天花和椽子木下部安装望板天花两种类型。

2.1　椽子木上铺望板天花

一般使用厚度为30～50mm的长条形木板，安装在椽子木上部的天花类型。此类望板天花构造简单，并且木望板饰面往往绘制有精美的彩画，所以能够创造很好的室内空间环境。一般使用于宗教类建筑。最为典型的实例有阿里托林寺、古格王国遗址白庙等建筑（图6-48左上）。

2.2　椽子木下部安装望板天花（井口天花）

是以椽子木为结构层，在椽子木下部安装双向木龙骨，然后在龙骨之间的方形空间内安装望板的天花类型。这种天花构造相对复杂，但是因为楼、屋面结构层和天花装饰层相对独立，有利于维修，并且因为安装望板之后，能够隐藏结构椽子木，所以室内相对整洁。同时，望板饰面通过彩画装饰，能够创造良好的室内环境。一般使用于寺庙类建筑天花装饰（图6-48右上）。典型实例有夏鲁寺天花。

■ 二、藻井

藻井是通过梁、边玛、曲扎等构件的叠加，将室内整体或局部顶面向上"开凿"的方法来强调该房间或局部区域空间重要性的天花装饰方法。一般出现在寺庙等宗教建筑的室内装饰。当屋面有天窗类洞口时，藻井可以同洞口一起考虑，形成统一的藻井（图6-50）。

藻井按照构造方法的不同，常见的有普通方形藻井（图6-49）和斜向藻井（图6-50）两种类型。

按照藻井深度或梁架（圈梁）叠加数量的不同，常见的有一级藻井、二级藻井和三级藻井三种类型。

（一）一级藻井

是在结构主梁上部，安装一架藻井圈梁（龙骨），并安装望板、边玛、曲扎等装饰构件的藻井类型。一级藻井的深度一般为一个梁的高度（高一般为180～200mm）；当安装有边玛、曲扎装饰构件时，从藻井圈梁底面计算，深度可达300～320mm。

一级藻井常见构造方法有普通方形藻井和斜梁藻井两种类型。普通方形藻井的构造方法是在结构主梁上部，安装纵横两个方向的龙骨（圈梁），龙骨间距一般为

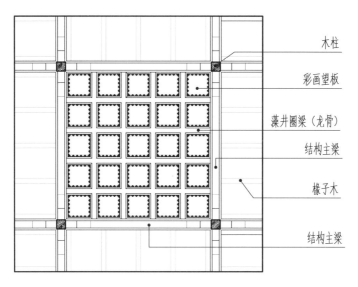

图 6-49　普通方形一级藻井举例

木柱

彩画望板

藻井圈梁（龙骨）

结构主梁

椽子木

结构主梁

传统藏式建筑木作营造技术

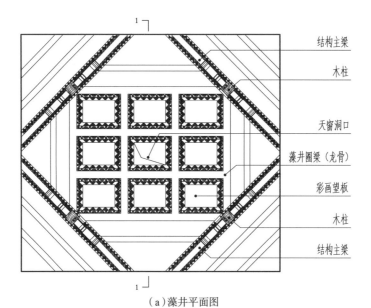

结构主梁

木柱

天窗洞口

藻井圈梁（龙骨）

彩画望板

木柱

结构主梁

（a）藻井平面图

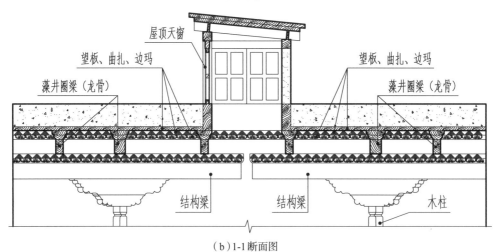

屋顶天窗

望板、曲扎、边玛

藻井圈梁（龙骨）

望板、曲扎、边玛

藻井圈梁（龙骨）

结构梁

结构梁

木柱

（b）1-1断面图

图 6-50　斜梁布置一级藻井举例

600～800mm，然后在龙骨之间形成的方形空间内安装望板即可。当室内装饰有需求时，在方形空间内可以安装边玛、曲扎等装饰木构件（图6-49）。方形藻井实例有托林寺金殿藻井。

斜向藻井常见的构造方法是把结构主梁斜向布置，然后在主梁上部，按照水平和竖向布置方形龙骨（圈梁），并在龙骨内部安装边玛、曲扎、望板等构件。斜向一级藻井实例有托林寺迦萨殿藻井（图6-50）。

（二）二级藻井

是在结构主梁上部，安装两层藻井圈梁（龙骨），然后安装望板、边玛、曲扎等装饰构件的藻井类型。二级藻井的深度，按照圈梁梁身高度的不同，从最下部的第一圈藻井圈梁底面计算，一般可以达到310～360mm。当安装有边玛、曲扎装饰构件时，藻井深度可达490～540mm。

二级藻井常见构造方法是把结构主梁斜向布置，然后以主梁为支撑点，在主梁上部安装第一圈圈梁和边玛曲扎装饰构件，最后以第一圈圈梁为基础，在圈梁上部，安装藻井龙骨和边玛、曲扎、望板等装饰构件（图6-51）。二级藻井实例有古格坛城殿。

（三）三级藻井

是有三层藻井圈梁（龙骨）叠加形成的藻井类型。三级藻井的深度，按照圈梁梁身高度的不同，从最下部的第一圈藻井圈梁底面计算，一般可以达到580mm左右。当安装有边玛、曲扎装饰构件时，每层边玛、曲扎装饰木条的高度可增加120～160mm。

三级藻井常见构造方法是把第一圈圈梁按照纵横两向方形布置，然后以第一圈圈梁为基础，斜向布置第二圈圈梁，最后在第二圈圈梁上部方形布置第三圈圈梁（图6-52）。当然，也可以反过来将第一圈圈梁斜向布置，第二圈圈梁方形布置，但是这种布置方法最后形成的中心藻井为斜向的，缺乏美感，所以一般不予以制作。三级藻井实例有桑耶寺藻井、古格白庙藻井等。

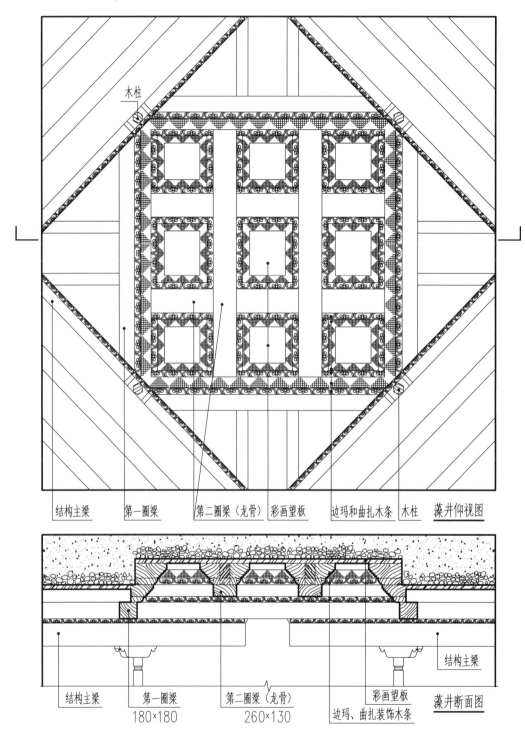

| 结构主梁 | 第一圈梁 | 第二圈梁（龙骨） | 彩画望板 | 边玛和曲扎木条 | 木柱 | **藻井仰视图** |

| 结构主梁 | 第一圈梁 | 第二圈梁（龙骨） | | 彩画望板 | 结构主梁 | **藻井断面图** |
| | 180×180 | 260×130 | | 边玛、曲扎装饰木条 | | |

图6-51 二级藻井举例

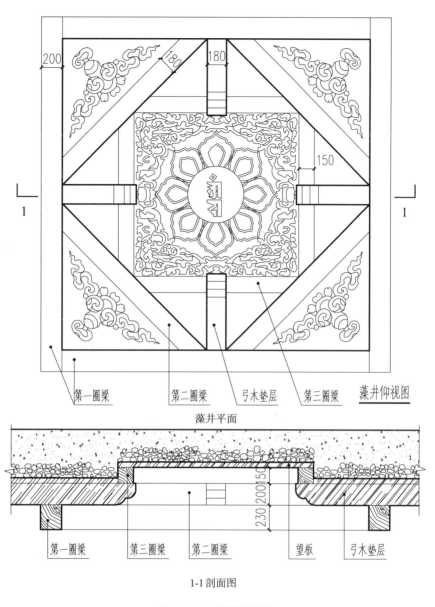

第一圈梁　　　　第二圈梁　　弓木垫层　　第三圈梁　　**藻井仰视图**

藻井平面

第一圈梁　　　第三圈梁　　第二圈梁　　　　望板　　　弓木垫层

1-1剖面图

图6-52　三级藻井举例

第四节　楼梯、栏杆

■ 一、木楼梯

（一）木楼梯类别

　　木楼梯是传统建筑垂直交通的重要组成内容，作用是解决建筑楼层之间或地坪高差处的交通问题。木楼梯按照出现形式的不同，常见的有独立木楼梯、石板台阶与木楼梯的组合楼梯两种类型（图6-53）。

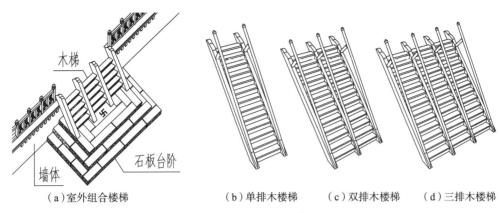

木梯

墙体

石板台阶

（a）室外组合楼梯　　　　（b）单排木楼梯　　　（c）双排木楼梯　　　（d）三排木楼梯

图6-53　常见木楼梯示意图

独立木楼梯一般使用于建筑室内，作用是解决上、下楼层之间的交通联系。按照楼梯形制的不同又有单排木楼梯、双排木楼梯以及三排木楼梯三种类型。单排木楼梯是最为普遍的木楼梯类型；双排木楼梯是有两排楼梯平行布置，可以很好地解决上、下交通冲突的问题，所以广泛使用于寺院类"公共建筑"人流量较大的地方；三排木楼梯同样可以很好地解决人流密集的交通问题，但是所占用的面积大，所以很少在室内独立使用。

组合楼梯一般使用于比较重要的入口处（图6-53a），同样按照木楼梯形制的不同又有单排木楼梯、双排木楼梯、三排木楼梯等形式，但是组合楼梯因为处于建筑物比较重要的位置，它不仅要解决交通的问题，还需要处理良好的视觉效果，所以很少使用单排木楼梯，常见的是双排和三排木楼梯。

除了上述常见楼梯之外，在个别地方的民居建筑中还有将半圆木削平的一面挖槽，形成的独木梯（图6-54a）；在个别建筑室内还有"L"形的转角楼梯（图6-54b）以及房间入口处使用的小型木梯（台阶）等类型（图6-54c），此类木梯构造较为简单。

传统藏式建筑木作营造技术

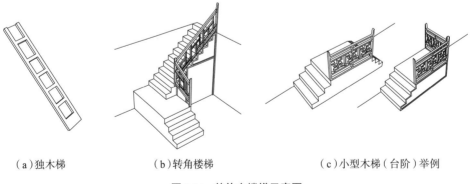

（a）独木梯　　　　　（b）转角楼梯　　　　　（c）小型木梯（台阶）举例

图6-54　其他木楼梯示意图

（二）常见木楼梯构造及制作

常见木楼梯构造包括梯梁（斜梁）（藏语名 སྐས་ཁྲི།）、踏步段（藏语名 སྐས་རྩ།）、扶手（藏语名 ལག་འཇུ།）以及铜制配套构件等组成。其中踏步段是楼梯的主要构件之一，主要组成构件是踏面板，但是有时为了美观，并防止踏面板之间形成的空隙内掉落东西，在上、下踏面板之间也有用木板封堵的构造做法，这个木板可以称之为踢面板。踢面板的高度一般为160～180mm；踏面宽度一般为240～260mm；踏步段的净宽度一般不宜小于600mm。另外，为了提高木楼梯的承载能力，在踏步下部，每隔5步左右，可以安装支撑横梁（图6-55）。

木楼梯的制作方法是，首先在梯梁内侧面，按照踏步安装要求开挖固定槽（图6-55a），同时将制作好的踏步段固定在两梯梁之间。然后在梯梁顶面安装扶手，安装时因为木梯斜度较大，所以扶手下部要削平，并在梯梁顶面直接连接固定，而上部段的扶手安装在离梯梁400～600mm的高度，同时用短柱支撑（图6-55b）。最后为了防止楼梯构件的磨损，在扶手两端以及踏面位置，安装铜皮保护构件。但是这种做法在民居建筑中极少使用。

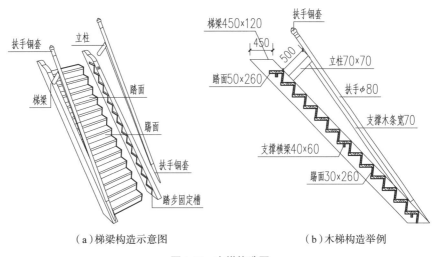

（a）梯梁构造示意图　　　　　　（b）木梯构造举例

图6-55　木梯构造图

■ 二、栏杆

栏杆（藏语名རྡོ་ལྕགས།）由横梁、立柱等组成的框架构件和各类图案、符号组成的"栏板"构件组合而成。栏杆一般出现在窗户的外窗台以及廊道、庭院、天桥、天井等位置的悬空处。其作用是防止悬空处失足坠落。另外，在窗台周围安装的栏杆还有美观和装饰的作用。

栏杆高度按照使用功能的不同控制在400～1300mm。一般装饰用的栏杆高度为400～600mm，而防护用的栏杆高度不宜小于900mm。

栏杆类别按照栏板位置使用图案、符号的不同，有普通栏杆、"达扎"栏杆、"巴扎"栏杆、"臃肿"栏杆以及组合栏杆等类别（图6-56）。

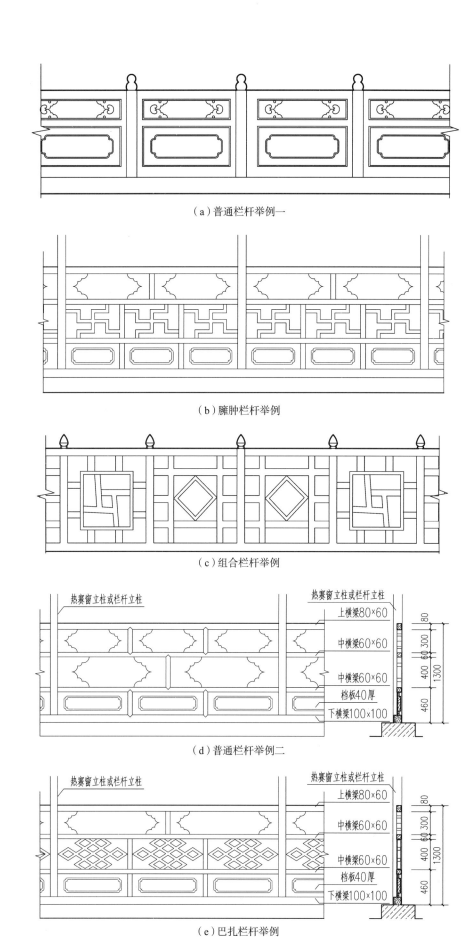

（a）普通栏杆举例一

（b）臃肿栏杆举例

（c）组合栏杆举例

（d）普通栏杆举例二

（e）巴扎栏杆举例

传统藏式建筑木作营造技术

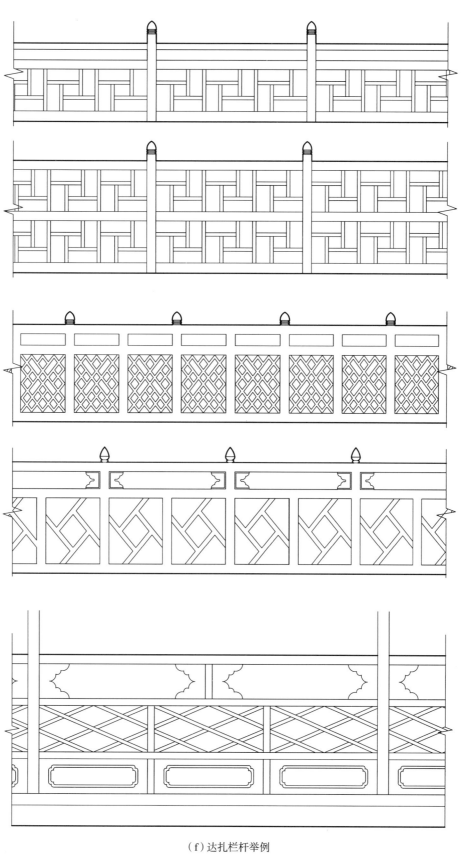

（f）达扎栏杆举例

图6-56　栏杆举例

第七章

木雕概述

雕刻是将装饰图案或符号以及人物、佛像等内容，通过雕刻工具，将其刻印在木构件上的装饰手法。是建筑、家具、工艺品制作等行业常见的木作装饰手法。

木雕工艺在传统藏式建筑中的发展历史，从现有拉萨大昭寺、日喀则吉隆县帕巴寺等实物可以考证，至少可以追溯至公元7世纪之前。到了公元17世纪，以罗布林卡格桑坡章为代表的雕刻工艺达到了完全成熟期。

第一节　木雕类型、工具及加工工艺

■ 一、木雕类别

雕刻构件在建筑中的出现形式可以是无彩画的，也可以在雕刻线条饰面予以彩画补充，也可以是室内或室外的某一个构件予以雕刻装饰，还可以是室内或室外整体构件或整栋建筑物予以雕刻装饰。总之，雕刻的出现形式是多种多样的，其雕刻方法按照工艺的不同，常见的有镂空雕、浮雕、平雕以及粘贴雕等四种类型（图7-1）。

1.镂空雕：又称透雕（藏语名ས་ན་）。是将符号、图案等雕刻内容以外的部分全部镂空去掉的雕刻方法。是使用比较普遍的雕刻类型，这种雕刻方法不仅使用于小型装饰构件的雕刻，还使用于门、窗、隔断等镂空构件的制作。

2.浮雕：（藏语名 འབུར་ན་）是将符号、图案等雕刻内容，按照高低叠落的立体形态，镂制出来的雕刻方法。浮雕具有很强的层次感和立体感，也是使用比较普遍的雕刻类型。

3.平雕：（藏语名རི་ན་）是将符号、图案等雕刻内容，按照轮廓镂制出来，但是没有立体的层次感，只有轮廓线。一般常用于边框花纹、符号等的雕刻。

4.粘贴雕：（藏语名སྦྱར་ན་）是将图案、符号等所有雕刻内容，首先在薄板上雕刻制作，然后将制作好的内容按照要求，用黏结材料黏结在指定位置的雕刻类型。

另外，在一组雕刻构件中，不仅仅局限于某一个雕刻方法，可能还会出现有镂空的，又有浮雕或平雕的雕刻方法，这种雕刻形式称之为组合雕。

图7-1　不同雕刻样式举例

二、木雕工具及加工工艺

1.雕刻工具

雕刻工具主要有斜凿、正口凿、反口凿、圆凿、翘、溜沟、敲手等。各类工具都有大小不同的刀口宽度，以适应各种粗细花纹的雕刻（图7-2）。雕刻用的敲手一般为木质敲手，可避免敲坏凿把。

2.木雕加工工艺

普通的、木板雕刻构件制作方法包括如下两个工作环节。①在雕刻正式开始之前，首先将雕刻内容，按照实际大小绘制在白纸上，俗称绘制白描；然后将其白描通过胶结材料粘贴在拟雕刻的木构件上，并晾干固定。需要注意的是白描在木构件上粘贴之前，必须确认绘制内容的准确性，绘制的内容应符合雕刻刀的开凿可行性，同时黏结应平滑，不得有皱襞现象。②按照白描内容，通过雕刻工具开凿、镂制并清理完善，完成普通木板雕刻构件的制作。

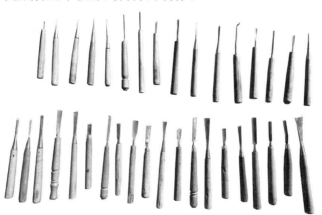

图7-2　雕刻工具

第二节 普通雕刻构件常用图案及题材

藏式建筑雕刻题材有植物花卉、动物、鸟兽、人物、佛像以及各种图案、符号等内容，雕刻题材是非常广泛的。但是选择哪种题材还需看建筑性质，尤其个别宗教类图案的使用是有严格要求的。

在普通的建筑物中，使用比较普遍的雕刻内容有：动物类的虎、狮子、鹏、龙以及广泛使用于梁上的塌鼻兽等（图7-7）；图案符号类的有"吉祥八宝"（图7-3～图7-4）"八瑞物"（图7-6）"七政宝""五妙欲"（图7-5）等内容。这些雕刻内容不是完全固定的一种模式，而是根据手艺人的创造能力，在保证主要内容表达清楚

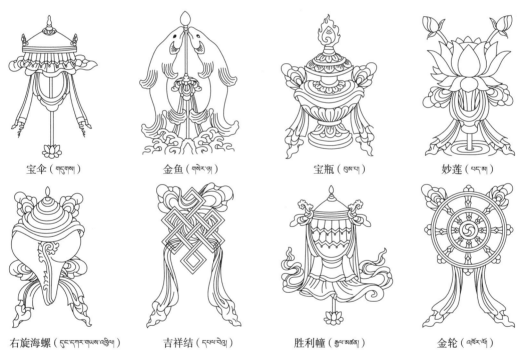

宝伞（གདུགས།）　　　金鱼（གསེར་ཉ།）　　　宝瓶（བུམ་པ།）　　　妙莲（པདྨ།）

右旋海螺（དུང་དཀར་གཡས་འཁྱིལ།）　吉祥结（དཔལ་བེའུ།）　胜利幢（རྒྱལ་མཚན།）　金轮（འཁོར་ལོ།）

图7-3　吉祥八宝

图7-4　吉祥八宝组合举例

的情况下，可以适当地予以创作或组合。

图7-5　五妙欲图举例

镜子（གਤੁਬ）（中间）　乐器（སྒਤੂ）（左下）　海螺中香水（ਤੁੰਤੀ）（左上）

供品（ਤੂ）（右上）　绫罗（ਤੀਤਤੀ）（右下）

镜子（ਤੀ·ਤੀਤੀ）	牛黄（ਤੀ·ਤੀਤ）	酸奶（ਤੀ）	长寿茅草（ਤੁਤੀ）
木瓜（ਤੀ·ਤੀਤੀ·ਤੀ）	右旋海螺（ਤੁਤ·ਤ·ਤੀਤ·ਤੀਤੀਤ）	黄丹（ਤੀ·ਤੀ）	白荠子（ਤੁਤ·ਤ·ਤੀਤੀ）

图7-6　八瑞物举例（ਤੇਤ·ਤ·ਤੀਤ）

塌鼻兽举例（ཙ་པ་ཏྲ།）

虎（སྟག）

狮子（སེང་གེ）

大鹏鸟（ཁྱུང་།）

龙（འབྲུག）

图7-7 常见动物举例

火焰宝（ ཚེ་བུ་རིན་པོ་ཆེ། ）

金轮宝（ འཁོར་ལོ་རིན་པོ་ཆེ། ）

大臣宝（ བློན་པོ་རིན་པོ་ཆེ། ）

王后宝（ང་ᨀᨿ᤺ᨿᨿᨿᨿᨿᨿᨿᨿ）

大象宝（ᨿᨿᨿᨿᨿᨿᨿᨿᨿᨿ）

骏马宝（ᨿᨿᨿᨿᨿᨿᨿᨿᨿᨿ）

将军宝（དམག་དཔོན་རིན་པོ་ཆེ།）

和气四瑞（མཐུན་པ་སྤུན་བཞི།）

六长寿（ཚེ་རིང་རྣམ་དྲུག）

轮王七近宝（ཉེ་བའི་རིན་ཆེན་བདུན།）

蒙人努虎（མོག་པོ་སྟག་ཁྲིད།）

财神牵象（ལ་ཚར་གླང་ཁྲིད།）

传统藏式建筑木作营造技术

老人牵马（ རྒན་པོ་རྟ་ཁྲིད། ）

大臣吞米（ བློན་པོ་ཐོན་མི། ）

药师（ སངས་རྒྱས་སྨན་བླ། ）

妙音佛母（དབྱངས་ཅན་མ།）

龙女（ཀླུ་མོ།）

吐宝兽（ནེའུ་ལེ།）

八仙举例

八仙举例

八仙举例

专业术语藏汉对照表

ཀ

བཀུང་ཁྲི།	伸肘长
སྐུམ་ཁྲི།	缩肘长
ཀ་གཅིག	一柱（间）
ཀ་གཉིས།（ཀ་གཅིག་སྐུམ་གང་ཆ）	两柱（间）一柱半（间）
ཀ་བཞི།	四柱（间）
ཀོང་།	凹刨
སྐར་མ།	星饰（星星木、嘎玛木条）
ཀ་བཀུག（ཀ་གདན）	柱础
ཀ་རིང་།	通高柱（长柱）
ཀ་བ།	柱子
བཀག་པ།	卡板
ཀུབ་སྐུལ་གདུང་མ།	压斗梁
ཀ་འཆིང་།	柱带
ཀ་ཤེད།	柱箍
ཀ་མགོ།	柱头
ཀ་གཟུགས།	柱身
ཀ་རྐང་།	柱根
ཀ་བའི་སྙིང་།（ཀ་སྙིང་）	柱心（多边形柱子中心柱子）
དཀྱིལ་མཐུད།（དཀྱིལ་གྱི་མཐུད་མ།）	中挺
དགོས་ཚོས།	镂空雕
སྐས་འཛེགས།（སྐས་ཀ）	楼梯

ཁ

འཁྲེས་ཤིང་།	桦木
ཁྲུ་གང་།	一肘
མཁྱིད་གང་།	一吉（五指拳长）
ཁ་ཤིང་།	卡星垫木（压条木）
མཁྲེགས་ཤིང་།	硬木垫板
ཁ་གཏད།	窗户过梁（长度与墙齐平）
ཁ་པ།	窗扇
ཁ་བཅད།	隔扇（大窗）
ཁ་རྒྱད།	通风窗

ག

གླ་ཅུང་།	柳树
རྒྱ་ཤིང་།	金钱松
རྒྱང་ཚོ།	窘托（加长卡）
སྒྱོང་འདེགས།	丈杆
རྒྱ་སྐྱེད།	大锛
སྒེའུ་ཁུང་།	窗户
སྒོམ་སྒྲོམ།	栏杆
སྒོ་མཚམས་ཀ་བ།	门厅柱子
རྒྱལ་སྒོ།	大门
སྒྲོག་གདུང་།	搭接梁
རྒྱ་ཕིབས།	（金）顶
རྒྱ་ཕིབས་གྲུ་བཞི་ཅན་ལྕོག	长方顶金顶（歇山金顶）
རྒྱ་ཕིབས་སྒོར་མོ།	圆（金）顶
རྒྱ་ཕིབས་དྲུག་གཟུགས།	六角（金）顶
རྒྱ་ཕིབས་བརྒྱད་གཟུགས།	八角（金）顶
རྒྱ་ཕིབས་གྲུ་བཞི།	方（金）顶
སྣང་གདུང་།	朗董（梁）
བགྲེར།（བགྲེ་གཟུགས།）	宝瓶
སྒྱ་ལེབས་གདུང་།	嘎朗角梁
སྒོ་པང་།（སྒོའི་ལེབ་ཤིང་）	门板
སྒོ་ཤད།	包叶
སྒོ་ཕོར།	门拨
རྒྱུ་ལག	穿带
སྒོའི་ཀ་བ།	门框
སྒེའུ་ཀ་བ།	窗框
སྒོ་གདོང་།	门脸
སྒེའུ་ཁུང་།	窗户
གོང་ལ།	女儿墙
གྱང་མ།	栈棍（盖顶短木）
རྒྱ་ཚོས།	沙棘木

ང

ངོས་ཤིང་།	昂星过梁

ཚ

ལྷུམ།	椽子木
ལྷུམ་གང་འཇལ།	半柱（间）
ལྷུམ་རྫུན།	假椽
ཆོག་ཚོས།	平雕
བཅད།	隔断
བཅད་གཞུ།	截徐弓木
བཙངས་འཁྱིར།	门轴

ཆ

ཆོས་བཙེགས།	曲扎木条
ཆུ་རིས་ཉིང་ལྒུག	水纹丁支木

ཇ

ཇང་པ།	梁垫

ཉ

ཉ་ཁུག	墙帽
གཉན་ཚོས།	枕头木
གཉན་ཤིང་།	门栓门扣

ད

སྟར་ཤིང་།	核桃木
སྟེ།	短斧
སྟེས་ལུར།	边刨
ཏི་རྒྱལ་གདུང་།	脊梁
ཏིང་ལྒུག	普通丁支木
ཏོ་གདངས་པ།（ཏོ་འཛར）	朵档 （检查木料弯曲面的工序）
ཏོག	楼梯扶手铜套（顶子）

ན

སྣག་ཕོར།	墨斗
ཚོག་པང་།	望板
སྣུར་རྒྱལ།	斜梁（坡屋盖）
ཉིས་པ།	门槛

ད

འདོམ་གང་།	一庹（一寻）
གདུང་།	梁
གདུང་ཞིབས།	梁盖
གདུང་གདན།	梁垫
གདུང་ཕོར།	木圈梁
མདའ་གཡབ།	飞檐
མདའ་མ།	梯梁
གདང་།	踏面和踢面

ན

ནག་ཆེ།	黑漆、黑边
གནམ་ཐེམ་བསྐུབས་པ།	正摆梁架
གནམ་པགར（ཀ་བོག）	斜撑

པ

པེན་བད།	边玛墙（柽柳女墙）
པེན་ཆེན།	边钦（宽边玛墙）
པེན་ཆུང་།	边琼（窄边玛墙）
པད།	白（边）玛木条
པད་ཞིབས།	边玛盖子
དཔུང་གདུང་།	臂梁
པང་བད།（ཞིག་ཁང་）	木屋、板房、井杆房
པང་བཀག	封板、挡板

ཕ

ཕོ་རྒྱ།	落叶松
ཕོ་ཆུ།	阳撑木
ཕྱག་འཆམ།	恰采 （长方形金顶山面三角形）
ཕོ་ག	榫头（阴阳榫）
ཕག་ལྲ།	斗栱（带昂）

专业术语藏汉对照表

ㄅ

ཁྱེར་ཞིབ།	靠尺刨
འབུར་འཁྲིག	凸刨
སྐུད་འཁོག	藤锯（钢丝锯）
བད་ཕུར།	檐饰（檐口装饰短椽）
འཕི་ཤོག（གཞུ་ཆུང）	短弓木
བབ་གྲུ་བཞི།	方形短椽
བབ་སྤྲེལ་གདོང་།	猴面短椽
བབ་ཤིང་།	压板（帕星）
སྦེ་སྐྱིང་སྐྱང་སྟོ།	斗栱（未带昂）
སྦེ་སྟོད།	斗身
སྦེ་སྐེད།	斗腰
སྦེ་ཆེན།	大斗
སྦེ་ཆུང་།	小斗
བྱ་གདང་།	架额（长方形金顶山面三角处的斜梁）
སྦྱར་པ།	杨树
སྦྱར་དཀར།	白杨树
སྦྱར་ནག	黑杨树
སྦྱར་ཚོས།	粘贴雕

ㄇ

མཚོ་ཤུག	雪松
དམར་ཤོག	手锯
སྨིག་བཅད།	楣截装饰
སྨིག་བཅད་སྟོད།	上楣截
སྨིག་བཅད་ཤོད་མ།	下楣截
མོ་སྐྱོང་།	阴撑木
ཡས་སྒྱིད།	下门枕
ཡས་གདན།	窗框下槛
མོ་ཁ།	榫眼（阴阳榫）

ㄈ

ཚོགས་བཀག	小梃
ཚར་ཅུའི་ཕུར་པ།	栗楔

ㄍ

གཤང་ཤོ།	雄托（卡）
གཞུ（གཞུ་རིང）	长弓木
གཞུ་ཐུང（འཕི་ཤོག）	短弓木

ㄏ

ཧྲར་ཞིབ།	平槽刨
ཧྲར་ཁ།	柱底槽口
ཧྲར་འཕྱོང་རབ་གསལ།	拐角大窗（森琼热赛窗）
ཧྲར་ཤིབ།	转角边玛
གཟོང་།	錾子

ㄐ

ཡས་སྒྱིད།	上门枕
ཡ་ཐོ།	窗框上槛

ㄖ

རབ་གསལ།	热赛窗
རབ་གསལ་སློ་འབུར།	热赛隆布窗

ㄌ

ལན་ཁ།	栏栓（多边形柱子外围圈柱）
ལྱག་འཇུ（ལྱག་སློར）	楼梯扶手
སློང་།	竖梃（梃木）
སློ་དཔོན།	直角尺

ㄕ

ཤུག་པ།	柏树
ཤུར་ཞིབ།	凹槽刨
ཤིང་མཐའ།	杣桑（过梁）
བཤད་ཚོས།	浮雕
ཤིང་མོ།	木匠
ཤིང་གཟེར།	木钉（木楔）
གཤག་པང（པང་ཐོ）	劈木板

传统藏式建筑木作营造技术

ས།

གསོར་ཤིང་།	银杉木
གཞེག（ལག）སྐོར།	斜角尺
སོག་ལེ།	锯子
གཞེག（ལག）གཙོད།	斜凿
ས་ལེན་གདུང་མ།	地梁
སྲོག་ཤིང་།	芯柱
གསལ་ག་ཞུ།	墙垫弓木
སྐྲང་རྩ་བི་བཀུག	斗栱门楣
མེང་ཡེངས（མེང་གི་གཞན་ཡེངས）ཁྲ་མ།	中庭天窗
གཞེག（ལག）སྔེན།	斜边玛
བསམ་ཏ།	桑扎
ས་ཐྲེས་རྐྱག་པ།	试摆梁架

ཨ།

ཨང་ཁུ།	凹槽插接

参考书目

中文参考书目

[1] 马炳坚.中国古建筑木作营造技术[M].北京：科学出版社，2003.

[2] 宿白.藏传佛教寺院考古[M].北京：文物出版社，1996.

[3] 中国社会科学院考古研究所[M].昌都卡若.北京：文物出版社，1985.

[4] 王晓华.中国古建筑构造技术[M].北京：化学工业出版社，2013.

[5] 次旦扎西，泽勇群培，张虎生.西藏地方古代史[M].拉萨：西藏人民出版
社，2004.

[6] 恰白·次旦平措，诺章·吴坚平措次仁.西藏简明通史[M].北京：五洲传播出
版社，2012.

[7] 徐宗威.西藏古建筑[M].北京：中国建筑工业出版社，2015.

[8] 陈耀东.中国藏族建筑[M].北京：中国建筑工业出版社，2007.

[9] 罗桑开珠.明轮藏式建筑研究论文集[M].北京：中国藏学出版社，2012.

[10] 姜怀英，甲央，噶苏·平措朗杰.西藏布达拉宫[M].北京：文物出版社，
1996.

[11] 西藏建筑勘察设计院.罗布林卡[M].北京：中国建筑工业出版社，2011.

[12] 西藏建筑勘察设计院.古格王国建筑遗址[M].北京：中国建筑工业出版
社，2011.

[13] 西藏建筑勘察设计院.大昭寺[M].北京：中国建筑工业出版社，2011.

[14] 西藏自治区文物保护研究所.西藏文物考古研究（第1辑）[M].北京：科学
出版社，2014.

[15] 西藏自治区文物保护研究所.西藏古建筑测绘图集（第一辑）[M].北京：科
学出版社，2015.

[16] 西藏自治区文物保护研究所.西藏古建筑测绘图集（第二辑）[M].北京：科
学出版社，2017.

[17] 西藏自治区文物保护研究所.西藏古建筑测绘图集（第三辑）[M].北京：科
学出版社，2019.

[18] 西藏自治区志·文物志编纂委员会.西藏自治区志·文物志[M].北京：中国
藏学出版社，2012.

[19] 西藏拉萨古艺建筑美术研究所.西藏藏式建筑总览[M].成都：四川出版集

团·四川美术出版社，2007.

[20] 西藏自治区文物局，王辉，彭措朗杰.西藏阿里地区文物抢救保护工程报告[M].北京：科学出版社，2002.

[21] 恰白·次旦平措，诺章·乌坚，夏玉·平措次仁.西藏简明通史-松石宝串[M].拉萨：西藏藏文古籍出版社，2018.

藏文参考书目

[1] 丹巴饶旦.西藏绘画[M].拉萨：中国藏学出版社，2020.

[2] 巴俄·祖拉陈瓦.贤者喜宴[M].北京：民族出版社，2005.

[3] 萨迦·索南坚赞.西藏王统记[M].北京：民族出版社，1981.

[4] 布顿·仁钦竹.布顿佛教史[M].拉萨：西藏人民出版社，2018.

[5] 东噶·洛桑赤列.东噶藏学大辞典[M].北京：中国藏学出版社，2002.

[6] 南喀诺布.古代象雄与吐蕃史[M].北京：中国藏学出版社，1996.

[7] 邓真尼玛.象雄与吐蕃历史文献[M].成都：四川民族出版社，2016.

[8] 索南航旦.世界文化遗产—布达拉宫[M].拉萨：西藏人民出版社，2018.

[9] 夏玉·平措次仁.西藏宗教史略[M].拉萨：西藏人民出版社，2003.

[10] 伦珠次旦.古代藏族宫殿建筑的历史及其文化研究[M].拉萨：西藏人民出版社，2017.

[11] 李鸽（译）/木雅·曲吉建才（译）.拉萨城市地图集.北京：中国建筑工业出版社，2005.

[12] 洛珠加措.莲花记[M].拉萨：西藏人民出版社，2013.

[13] 洛桑山丹.阿里地区寺庙志[M].拉萨：西藏人民出版社，2015.

[14] 土登彭措.远古藏族史[M].拉萨：西藏人民出版社，2015.

[15] 恰白·次旦平措/诺昌·乌坚.西藏简明通史·松石宝串[M].拉萨：西藏藏文古籍出版社，2002.

[16] 巴桑旺堆.藏族古代邦国、小邦、千户府及"域参"新考[M].拉萨：西藏人民出版社，2020.

○ 参考书目